Was ist ein Naturgesetz?

Scientia Nova

Herausgegeben von
Rainer Hegselmann, Gebhard Kirchgässner,
Hans Lenk, Siegwart Lindenberg,
Julian Nida-Rümelin, Werner Raub,
Thomas Voss

Bisher erschienen:
Robert Axelrod, Die Evolution der Kooperation
Karl H. Borch, Wirtschaftliches Verhalten bei Unsicherheit
Norman Braun, Rationalität und Drogenproblematik
C. West Churchman • Russel L. Ackoff • E. Leonard Arnoff, Operations Research
James Coleman, Handlungen und Handlungssysteme
James Coleman, Körperschaften und die moderne Gesellschaft
James Coleman, Die Mathematik der sozialen Handlung
Morton D. Davis, Spieltheorie für Nichtmathematiker
Andreas Diekmann • Thomas Voss, Rational-Choice-Theorie in den
Sozialwissenschaften
Bruno de Finetti, Wahrscheinlichkeitstheorie
Robert H. Frank, Strategie und Emotion
Donald P. Green • Ian Shapiro, Rational Choice
Rainer Hengselmann • Hartmut Kliemt, Moral und Interesse
Martin Hollis • Wilhelm Vossenkuhl, Moralische Entscheidung und rationale Wahl
Peter Kappelhoff, Soziale Tauschsysteme
Bernd Lahno, Versprechen
Hans Lenk, Das Denken und sein Gehalt
Karl Reinhard Lohmann • Birger Priddat, Ökonomie und Moral
Ulrich Mueller, Evolution und Spieltheorie
Ernest Nagel • James R. Newman, Der Gödelsche Beweis
John von Neumann, Die Rechenmaschine und das Gehirn
Julian Nida-Rümelin, Kritik des Konsequentialismus
Howard Raiffa, Einführung in die Entscheidungstheorie
Erwin Schrödinger, Was ist ein Naturgesetz?
Gerhard Schurz, Erklären und Verstehen in der Wissenschaft
Rudolf Schüßler, Kooperation unter Egoisten: Vier Dilemmata
Geo Siegwart, Vorfragen zur Wahrheit
Volker Stocke, Framing und Rationalität
Paul W. Thurner, Wählen als rationale Entscheidung
Herrmann Weyl, Philosophie der Mathematik und Naturwissenschaften

Was ist ein Naturgesetz?

Beiträge zum naturwissenschaftlichen Weltbild

Von
Erwin Schrödinger

7. Auflage

R. Oldenbourg Verlag München 2012

Die Deutsche Bibliothek - CIP-Einheitsaufnahme

Schrödinger, Erwin : Was ist ein Naturgesetz? :
Beitr. Zum naturwiss. Weltbild / Erwin Schrödinger.
- 7. unveränd. Aufl. - München : Oldenbourg, 2012
 (Scientia Nova)
ISBN 978-3-486-71658-0

© 2012 R. Oldenbourg Verlag GmbH, München
Rosenheimer Str. 145, D - 81671 München
Telefon: (089) 45051-0, Internet: http://www.oldenbourg.de

Das Werk einschließlich aller Abbildungen ist urheberrechtlich geschützt. Jede Verwertung außerhalb der Grenzen des Urheberrechtsgesetzes ist ohne Zustimmung des Verlages unzulässig und strafbar. Dies gilt insbesondere für Vervielfältigungen, Übersetzungen, Mikroverfilmungen und die Einspeicherung und Bearbeitung in elektronischen Systemen.

Umschlaggestaltung: Dieter Vollendorf
Gedruckt auf säurefreiem, alterungsbeständigem Papier
Gesamtherstellung: R. Oldenbourg Graphische Betriebe GmbH, München
Druck und Bindung: Books on Demand GmbH, Norderstedt
ISBN 978-3-486-71658-0

Vorwort des Verlages

Die hier vereinigten sechs Vorträge und Abhandlungen, die in verschiedenen Zeitschriften erschienen, sind in zwei Gruppen geteilt, deren jede die chronologische Anordnung verfolgt. Die erste Gruppe (1 bis 3) behandelt in gemeinverständlicher Art allgemeinere methodologische und erkenntniskritische Fragen der Naturwissenschaft, beginnend mit dem Grundgedanken der Züricher Antrittsrede von 1922 („Was ist ein Naturgesetz?") über kausale und statistische Gesetzmäßigkeit, — weitergeführt in dem Münchner Vortrag von 1930 über „Die Wandlung des physikalischen Weltbegriffs", mit der Einsicht, daß unsere physikalischen Theorien nicht die „Wirklichkeit" objektiv beschreiben, „nicht die Natur an sich, sondern die Kenntnis, die wir jeweils auf Grund der wirklich ausgeführten Beobachtungen von ihr besitzen". Dies wird in der dritten, umfänglichsten Abhandlung von 1947 ausgebaut zu einer umfassenden Übersicht über „Die Besonderheit des Weltbildes der Naturwissenschaft", die (unter Berücksichtigung von Gomperz Mach, Exner, Boltzmann, Heisenberg, Sherrington) die Grundfragen der aus der griechischen Wissenschaft erwachsenen abendländischen Naturwissenschaft kritisch beantwortet.
Die zweite Gruppe (4 bis 6) wendet sich mehr an den wissenschaftlichen Fachmann und bringt als erstes die Stockholmer Nobelpreisrede Schrödingers, in der der Schöpfer der Wellenmechanik selbst den „Grundgedanken der Wellenmechanik" möglichst anschaulich entwickelt und verdeutlicht. Das sich dabei ergebende Hauptproblem — „Teilchen" oder „Welle" in „Unserer Vorstellung von der Materie" — behandeln die beiden letzten Aufsätze von 1950 und 1952, sowohl im historischen Rückblick (auf Planck, Laue, Bohr, de Broglie) wie in theoretischer Durcharbeitung („Was ist ein Elementarteilchen?") der grundsätzlichen Schwierigkeiten, die in der gleichzeitigen Parallelität der gleich gültigen „Welle"- und „Teilchen"-Vorstellung liegen und für deren notwendige Ver-

schmelzung doch unserer Denkform kein adäquates Bild zu zu Gebote steht — denn „Alles ist zugleich Partikel und Feld. Alles hat sowohl die kontinuierliche Struktur, die uns vom Feld, als auch die diskrete Struktur, die uns von der Partikel her geläufig ist."
In umfassender Überlegenheit führt so die Untersuchung bis zur letzten erkenntniskritischen Grenze einer philosophisch durchleuchteten Naturwissenschaft, die jede anschauliche Vorstellung, ja auch noch die Individualität jener letzten „Teilchen" entschwinden läßt, wie sie andererseits die „Quantensprünge" — „den Austausch der Energie in abgezirkelten Paketen ersetzt durch die Resonanz zwischen Schwingungsfrequenzen". „Es liegt wohl Diskretheit vor, aber nicht im hergebrachten Sinn von diskreten Einzelteilchen, und schon gar nicht von sprunghaftem Geschehen. Die Diskretheit entspringt bloß als eine Struktur aus den Gesetzen, die das Geschehen beherrschen."
Die „Teilchen" aber „darf man sich vielleicht vorstellen als mehr oder weniger vorübergehende Gebilde innerhalb des Wellenfeldes, deren Gestalt und strukturelle Mannigfaltigkeit so scharf und in stets derselben Weise wiederkehrend durch die Wellengesetze bestimmt sind, daß vieles sich so abspielt, als ob es substantielle Dauerwesen wären". Diese Bestimmungen — ob die eine oder die andere Vorstellung geboten ist — werden, unter Bezugnahme auf das Plancksche Wirkungsquantum und Heisenbergs Unbestimmtheitsrelation, im letzten Aufsatz auch mathematisch formuliert. Doch der Verfasser erinnert hier auch mahnend an die für jede Vorstellungsart ausnahmslos und streng gültige Überlegung, „daß die quantitativen Modelle und Bilder der Physik erkenntnistheoretisch bloß mathematische Konstruktionen zur Berechnung beobachtbarer Sachverhalte sind" — Mahnung und Bekenntnis eines großen Forschers, die unvergeßlich bleiben.

Oktober 1961 *Prof. Dr. M. Schröter*

Inhalt

Was ist ein Naturgesetz? 9

Die Wandlung des physikalischen Weltbegriffs 18

Die Besonderheit des Weltbilds der Naturwissenschaft . . 27

    I. WAS ZEICHNET UNSERE DENKFORM AUS? 27
        1. Woher sie stammt - 2. Vergleich dieser Urteile - 3. Die Fragestellung - 4. Skizze der Antwort

    II. DIE LEISTUNG DER VERSTÄNDLICHKEITSANNAHME   34
        5. Historisches - 6. Was heißt Verstehen? - 7. Prophezeien - Prüfstein oder Endziel? - 8. Sind unbeobachtbare Züge zulässig? Das Beispiel der historischen Wissenschaften - 9. Braucht die Physik Bilder? - 10. Das Bild ist nicht nur erlaubtes Hilfsmittel, sondern Zweck - 11. Der verständliche Zufall: Wärmetheorie - 12. Die Darwinsche Abstammungslehre - 13. Weiteres über den Induktionsschluß

    III. DIE LÜCKEN, WELCHE DIE VERSTÄNDLICHKEITSANNAHME LÄSST 52
        14. Kontrastierung gegen andere Denkformen - 15. Verzichte und Konventionen: Induktion, Kausalität, Anfangsbedingungen - 16. Die Hypothese der molekularen Unordnung

    IV. DIE LÜCKEN, DIE AUS DER OBJEKTIVIERUNG ENTSPRINGEN 59
        17. Einige Heraklit-Fragmente - 18. Das Ausschalten der Persönlichkeit - 19. Eine Antinomie des Demokritos von Abdera - 20. Das Paradoxon der Willensfreiheit - 21. Die Maske des roten Todes - 22. Lösungsversuche: Monadologie, Identitätslehre - 23. Die Einheit des Bewußtseins - 24. Die Doppelrolle des denkenden Subjekts - 25. Werte, Sinn und Zweck - 26. Der Atheismus der Naturwissenschaft

Der Grundgedanke der Wellenmechanik 86

Unsere Vorstellung von der Materie 102

        1. Die Krise. Vorschau - 2. Einiges über Korpuskeln - 3. Wellenfeld und Partikel: ihr experi-

menteller Nachweis - 4. Quantentheorie: Planck, Bohr, de Broglie - 5. Wellenfeld und Partikel: ihr theoretischer Zusammenhang - 6. Quantensprung und Partikelidentität - 7. Wellenidentität - 8. Schlußwort

Was ist ein Elementarteilchen? 121

1. Es ist kein Individuum - 2. Gangbare Darstellung: Verschmelzung von Teilchen und Wellen - 3. Gangbare Darstellung: Das Wesen der Wellen - 4. Gangbare Darstellung: Das Wesen der Teilchen (Unbestimmtheitsrelation) - 5. Gangbare Darstellung: Die Bedeutung der Unbestimmtheitsrelation - 6. Kritisches zur Unbestimmtheitsrelation - 7. Der Begriff eines Stückes Materie - 8. Individualität oder „Dasselbigkeit" - 9. Was dies für die Atomistik ausmacht - 10. Die Bedeutung der neuen Statistiken - 11. Der eingeschränkte Identitätsbegriff - 12. Anhäufung und Wellenvorstellung - 13. Die Bedingung für die Angebrachtheit der Partikelvorstellung

Lebensdaten Erwin Schrödingers 144

Nachweis der Erstveröffentlichung dieser Vorträge und Aufsätze 147

Was ist ein Naturgesetz?

(Antrittsrede an der Universität Zürich, 9. Dezember 1922)

Die Rede wurde seinerzeit nicht gedruckt. Die spätere Entstehung und Entwicklung der Quantenmechanik hat den Exnerschen Ideenkreis in den Brennpunkt des Interesses gerückt, übrigens ohne daß Exners Name je genannt wurde. Die heutige Publikation folgt wörtlich dem damaligen Manuskript.

Man sollte glauben, daß auf die Frage, was unter einem Naturgesetz zu verstehen sei, kaum eine Wissenschaft klarere und bestimmtere Antwort müßte geben können als die Physik, deren Gesetze als Vorbild der Exaktheit gelten. „Was ist ein Naturgesetz?" Die Antwort scheint wirklich nicht sehr schwer. Der Mensch findet sich beim Erwachen des höheren Bewußtseins in einer Umgebung, deren Veränderungen für sein Wohl und Weh von der allergrößten Bedeutung sind. Die Erfahrung — anfangs die unsystematische des täglichen Lebenskampfes, später die systematisch planvolle des wissenschaftlichen Experiments — zeigen ihm, daß die Vorgänge in seiner Umgebung nicht mit kaleidoskopartiger Willkür einander folgen, sondern daß darin erhebliche Regelmäßigkeit zutage tritt, deren Erkenntnis mit Eifer von ihm gepflegt wird, weil sie ihn in seinem Lebenskampf sehr fördert. Die erkannten Regelmäßigkeiten haben durchweg den gleichen Typus: gewisse Merkmale eines Erscheinungsablaufes zeigen sich immer und überall mit gewissen anderen Merkmalen verknüpft. Dabei ist von besonderer biologischer Bedeutung *der* Fall, daß die eine Merkmalgruppe der anderen zeitlich vorausgeht. Die Umstände, die einem gewissen, oft beobachteten Erscheinungsablauf (A) vorangehen, scheiden sich typisch in zwei Gruppen, *beständige* und wechselnde. Und wenn weiter erkannt wird, daß die beständige Gruppe auch umgekehrt immer von A

gefolgt wird, so führt das dazu, diese Gruppe von Umständen als die *bedingenden Ursachen* von *A* zu erklären. So entsteht, Hand in Hand mit der Erkenntnis der *speziellen* regelmäßigen Verknüpfungen, als Abstraktion aus ihrer Gesamtheit, die Vorstellung von der *allgemeinen notwendigen* Verknüpftheit der Erscheinungen untereinander. *Über die Erfahrung hinaus* wird als allgemeines Postulat aufgestellt, daß auch in solchen Fällen, in denen es noch nicht gelungen ist, die bedingenden Ursachen eines bestimmten Erscheinungsablaufes zu isolieren, solche doch angebbar sein müssen, oder mit anderen Worten, daß ein jeder Naturvorgang absolut und quantitativ determiniert ist mindestens durch die Gesamtheit der Umstände oder physischen Bedingungen bei seinem Eintreten. In diesem Postulat, das wohl auch als Kausalitätsprinzip bezeichnet wird, werden wir durch fortschreitende Erkenntnis spezieller bedingender Ursachen stets aufs neue bestärkt. Als Naturgesetz nun bezeichnen wir doch wohl nichts anderes als eine mit genügender Sicherheit festgestellte Regelmäßigkeit im Erscheinungsablauf, *sofern sie als notwendig im Sinne des oben genannten Postulats gedacht wird*.
Wo bleibt hier noch eine Unklarheit, wo Anlaß zu einem Zweifel? Da das Tatsächliche außer Diskussion steht, offenbar höchstens an der Richtigkeit oder allgemeinen Zweckmäßigkeit des Postulates.
Die physikalische Forschung hat in den letzten 4—5 Jahrzehnten klipp und klar bewiesen, daß zum mindesten für die erdrückende Mehrzahl der Erscheinungsabläufe, deren Regelmäßigkeit und Beständigkeit zur Aufstellung des Postulates der allgemeinen Kausalität geführt haben, die gemeinsame Wurzel der beobachteten strengen Gesetzmäßigkeit — der *Zufall* ist.
Bei jeder physikalischen Erscheinung, an der wir eine Gesetzmäßigkeit beobachten, wirken ungezählte Tausende, meistens Milliarden einzelner Atome oder Moleküle mit. (In Paranthese für die Herren Physiker: das gilt auch für solche Erscheinungen, wo, wie man heute oft sagt, die Wirkung eines einzelnen Atoms zur Beobachtung gelangt; weil in

Wahrheit doch die Wechselwirkung dieses einen Atoms mit Tausenden anderen den beobachteten Effekt bestimmt.) Es ist nun mindestens in einer sehr großen Zahl von Fällen ganz verschiedener Art gelungen, die beobachtete Gesetzmäßigkeit voll und restlos aus der ungeheuer großen Zahl der zusammenwirkenden molekularen Einzelprozesse zu erklären. Der molekulare Einzelprozeß mag seine eigene strenge Gesetzmäßigkeit besitzen oder nicht besitzen — in die beobachtete Gesetzmäßigkeit der Massenerscheinung braucht jene *nicht* eingehend gedacht zu werden, sie wird im Gegenteil in den uns allein zugänglichen Mittelwerten über Millionen von Einzelprozessen vollständig verwischt. Diese Mittelwerte zeigen ihre eigene, rein *statistische Gesetzmäßigkeit*, die auch dann vorhanden wäre, wenn der Verlauf jedes einzelnen molekularen Prozesses durch Würfeln, Rouletteskapiel, Ziehen aus einer Urne entschieden würde.

Das einfachste und durchsichtigste Beispiel für diese statistische Auffassung der Naturgesetzlichkeit — zugleich ihren Ausgangspunkt in historischer Beziehung — bildet das Verhalten der Gase. Der Einzelprozeß ist hier der Zusammenstoß zweier Gasmoleküle miteinander oder mit der Wand. Der Druck eines Gases gegen die Wände, den man früher einer besonderen Expansivkraft der Materie im Gaszustand zuschrieb, kommt nach der Molekulartheorie durch das Bombardement der Moleküle zustande. Die sekundliche Zahl der Stöße gegen 1 qcm Wandfläche ist enorm groß, bei Atmosphärendruck und 0°C hat sie 24 Stellen ($2{,}2 \times 10^{23}$), im äußersten irdischen Vakuum für 1 qmm und $1/1000$ Sekunde berechnet, hat sie immer noch 11 Stellen. Die Molekulartheorie gibt nicht nur vollkommene Rechenschaft von den sog. Gasgesetzen, das ist von der Abhängigkeit des Druckes von Temperatur und Volumen, sondern erklärt auch alle anderen Eigenschaften der wirklichen Gase, wie Reibung, Wärmeleitung, Diffusion — und zwar *rein statistisch* durch den im einzelnen völlig unregelmäßigen Austausch der Moleküle zwischen verschiedenen Teilen des Gases. Man pflegt bei diesen Rechnungen und Überlegungen allerdings für das Einzelergebnis — den Zusammenstoß — die Gesetze der Mechanik vorauszusetzen. Aber notwendig ist das durchaus *nicht*. Es würde völlig genügen, anzunehmen, daß beim einzelnen Stoß eine Zunahme oder eine Abnahme der mechanischen Energie und des mechanischen Impulses *gleich wahrscheinlich* sind, so daß diese Größen *im Mittel sehr vieler Stöße* in der Tat konstant bleiben; etwa so, wie man mit zwei Würfeln im Mittel bei einer Million Würfen durchschnittlich 7 würfelt, während das Resultat des einzelnen Wurfes völlig unbestimmt ist.

Aus dem Gesagten ergibt sich, daß die statistische Auffassung der Gasgesetze *möglich*, vielleicht, daß sie die einfachste, aber nicht, daß sie die *einzig mögliche* ist. Ein Experimentum crucis ist folgender Versuch. Als statistischer Mittelwert muß der Gasdruck zeitlichen *Schwankungen* unterliegen. Diese müssen um so erheblicher sein, je kleiner die Zahl der kooperierenden Elementarprozesse ist, also je kleiner die gedrückte Fläche und je geringer die Trägheit des Körpers, dem sie angehört, damit er auf kurzperiodische Schwankungen möglichst ungesäumt reagiere. Beides erreicht man, indem man winzige, ultramikroskopische Teilchen in dem Gas suspendiert. Diese zeigen dann in der Tat eine Zickzackbewegung von äußerster Unregelmäßigkeit, die lange bekannte *Brown*sche Bewegung, die niemals zur Ruhe kommt und in allen Einzelheiten mit den Vorhersagen der Theorie übereinstimmt. Die Zahl der Einzelstöße, welche das Teilchen während einer meßbaren Zeit erleidet, ist zwar immer noch sehr groß, aber doch nicht *so* groß, daß ein allseitig völlig gleicher Druck resultierte. Durch zufälliges Überwiegen der Stöße aus einer zufälligen Richtung, die von Moment zu Moment ganz regellos wechselt, wird das Teilchen völlig regellos hin und her gestoßen. So sehen wir hier ein Naturgesetz — das Gesetz für den Gasdruck — seine exakte Gültigkeit einbüßen, in dem Maße, als die *Zahl* der kooperierenden Einzelprozesse abnimmt. Ein bündiger Beweis für den wesentlich statistischen Charakter mindestens *dieses* Gesetzes läßt sich nicht denken.

Ich könnte noch eine große Anzahl experimentell und theoretisch genau untersuchter Fälle anführen, so das Zustandekommen der gleichmäßig blauen Himmelsfarbe durch die völlig unregelmäßigen Schwankungen der Luftdichte (infolge ihrer molekularen Konstitution) oder den streng gesetzmäßigen Zerfall radioaktiver Substanzen, der aus dem regellosen Zerfall der einzelnen Atome sich aufbaut, wobei es ganz vom Zufall abzuhängen scheint, welche Atome sogleich, welche morgen, welche in einem Jahre zerfallen werden. — Mehr als durch noch so viele Einzelfälle wird unsere Überzeugung vom statistischen Charakter der physikalischen Gesetzmäßigkeit dadurch bestärkt, daß einer der allgemeinsten Erfahrungssätze, der sog. II. Hauptsatz der Thermodynamik oder Entropiesatz, *der überhaupt schlechterdings bei jedem wirklichen physikalischen Vorgang eine Rolle spielt*, sich als das *Prototyp* eines statistischen Gesetzes herausgestellt hat. Sosehr diese Materie durch ihr ganz hervorragendes Interesse ein näheres Eingehen rechtfertigen würde, muß ich mich hier doch auf die sehr kursorische Bemerkung beschränken: rein empirisch steht der Entropiesatz im engsten Zusammenhang mit der typischen, einseitigen Gerichtetheit alles Naturgeschehens. Die Richtung, in der sich ein körperliches System im nächsten Augenblick verändern wird, läßt sich zwar nicht aus ihm allein bestimmen, wohl aber *schließt er gewisse Veränderungen aus*, und darunter befindet sich *immer* auch *die der wirklich eintretenden genau entgegengesetzte Veränderung*. Die statistische Betrachtungsweise verleiht nun dem Entropiesatz folgenden Inhalt: alles Geschehen entwickelt sich von relativ *unwahrscheinlichen*, d. h. von molekular relativ *geordneten* Zuständen gegen *wahrscheinlichere*, d. h. molekular *ungeordnetere* Zustände hin. —
Über das bis jetzt Gesagte bestehen unter den Physikern keine wesentlichen Meinungsverschiedenheiten mehr. Anders steht es mit dem, was ich weiter zu sagen habe.
Wenn wir die physikalischen Gesetze als statistische erkannt haben, für deren Zustandekommen die streng kausale

Determiniertheit des molekularen Einzelereignisses nicht *erforderlich* wäre, so ist es doch die allgemeine Meinung, daß in Wirklichkeit der Einzelprozeß, z. B. der Zusammenstoß zweier Gasmoleküle, streng kausal determiniert *ist* bzw. *verläuft* — wie ja auch der Ausgang eines Roulettespiels nicht unbestimmt wäre für den, der — nachdem das Rädchen in Schwung versetzt ist — die Größe dieses Schwunges, die Widerstände in der Luft und an der Achse ganz genau kennte und in Rechnung zu stellen wüßte. — Vielfach werden sogar *ganz bestimmte* elementare Gesetzmäßigkeiten behauptet, so beim Stoß von Gasmolekülen die Erhaltung der Energie und des Impulses *bei jedem einzelnen Stoß*.

Es war der Experimentalphysiker *Franz Exner*, der im Jahre 1919[1]) zum erstenmal mit voller philosophischer Klarheit Kritik erhoben hat gegen die *Selbstverständlichkeit*, mit der die Überzeugung von der absoluten Determiniertheit des molekularen Geschehens von jedermann gehegt wird. Er kommt zu dem Schluß, daß das Behauptete zwar *möglich*, jedoch keinesfalls *notwendig*, und, bei Licht betrachtet *gar nicht sehr wahrscheinlich ist*.

Was zunächst die *Nichtnotwendigkeit* anlangt, so habe ich mich schon früher darüber ausgesprochen und glaube mit *Exner*, daß sie sich aufrechterhalten läßt, ungeachtet dessen, daß die meisten Forscher sogar ganz bestimmte Züge der elementaren Gesetzmäßigkeit fordern. Natürlich *können* wir den Energiesatz im großen dadurch erklären, daß er schon im kleinen gilt. Aber ich sehe nicht, daß wir *müssen*. Ebenso *können* wir ja die Expansivkraft eines Gases als Summe der Expansivkräfte seiner Elementarteilchen erklären. *Hier* ist eine solche Auffassung *unzutreffend*, ich sehe nicht, weshalb sie *dort* die *einzig mögliche* sein soll. — Im übrigen ist anzumerken, daß Energie-Impulssätze nur *vier* Gleichungen liefern, und daher, auch wenn sie im Einzelprozeß erfüllt sind, denselben noch weitgehend unbestimmt lassen.

---

[1]) F. EXNER, Vorlesungen über die Physikalischen Grundlagen der Naturwissenschaften. Wien, F. Deuticke 1919.

Woher stammt nun der allgemein verbreitete Glaube an die absolute, kausale Determiniertheit des molekularen Geschehens und die Überzeugung von der *Undenkbarkeit* des Gegenteils? Einfach aus der von Jahrtausenden ererbten *Gewohnheit, kausal* zu *denken,* die uns ein undeterminiertes Geschehen, einen absoluten, *primären* Zufall als einen vollkommenen Nonsens, als *logisch* unsinnig erscheinen läßt.

Woher aber stammt diese Denkgewohnheit? Aus der jahrhunderte-, jahrtausende langen Beobachtung gerade *derjenigen* natürlichen Gesetzmäßigkeiten, von denen wir heute mit Sicherheit wissen, daß sie nicht — jedenfalls nicht unmittelbar — *kausale*, sondern *unmittelbar statistische* Gesetzmäßigkeiten sind. Damit ist aber jener Denkgewohnheit der rationelle Boden entzogen. Für die Praxis werden wir sie zwar unbedenklich beibehalten, weil sie ja im Erfolg das Richtige trifft. Uns aber *von ihr zwingen* zu lassen, *hinter* den beobachteten *statistischen*, absolut kausale Gesetze mit Notwendigkeit zu postulieren, wäre ein ganz offenbar fehlerhafter Zirkelschluß.

Aber nicht nur *zwingt* nichts zu dieser Annahme, wir sollten uns klarmachen, daß eine derartige *Zwiefachheit der Naturgesetze* recht unwahrscheinlich ist. *Eines* wären die „eigentlichen", wahren, absoluten Gesetze im Unendlichkleinen, ein *anderes* die im Endlichen beobachtete Gesetzmäßigkeit, die gerade in ihren wesentlichsten Zügen *nicht* durch jene absoluten Gesetze, sondern durch den Begriff der *reinen Zahl*, den klarsten und einfachsten, den Menschengeist gebildet hat, bestimmt sind. In der Welt der Erscheinung klare Verständlichkeit — hinter ihr ein dunkles, ewig unverstandenes Machtgebot, ein rätselvolles „Müssen". Die *Möglichkeit,* daß es sich so verhält, ist zuzugeben, doch erinnert diese Verdoppelung des Naturgesetzes zu sehr an die Verdoppelung der Natur*objekte* durch den Animismus, als daß ich an ihre Haltbarkeit glauben möchte.

Ich möchte aber nicht dahin mißverstanden werden, als hielte ich die Durchführung dieser neuen — sagen wir kurz *a*kausalen (d. h. *nicht notwendig* kausalen) Auffassung für leicht und einfach. Die heute herrschende Ansicht ist die, daß mindestens die Gravitation und die Elektrodynamik absolute, elementare Gesetzmäßigkeiten sind, die auch für die Welt der Atome und Elektronen gelten und vielleicht als Urgesetzlichkeit allem Geschehen zugrunde liegen. Sie wissen von den erstaunlichen Erfolgen der Einsteinschen Gravitationstheorie. Müssen wir daraus schließen, daß seine Gravitationsgleichungen ein *Elementargesetz* sind? Ich glaube, nein. Wohl bei keinem Naturvorgang ist die Zahl der einzelnen Atome, die zusammenwirken müssen, damit ein beobachteter Effekt zustande komme, so enorm groß wie bei den Gravitationserscheinungen. Das würde die außerordentliche Präzision, mit der sich die Planetenbewegungen auf Jahrhunderte vorausberechnen lassen, auch vom statistischen Standpunkte verständlich machen. — Ich will übrigens nicht leugnen, daß gerade die *Einstein*sche Theorie die *absolute Gültigkeit der Energie-Impulssätze* außerordentlich nahelegt. Dieselben drücken in ihr, auf den Massenpunkt angewendet, eigentlich nur *eine absolute Beharrungstendenz* aus — wie ja die ganze Gravitationstheorie bezeichnet werden kann als eine Zurückführung der *Gravitation* auf das *Trägheitsgesetz*. Das einfachstdenkbare absolute Gesetz: *unter gewissen Umständen ändert sich nichts* — fällt wohl noch kaum unter den Begriff der kausalen Determiniertheit und wäre am Ende auch mit einer, im übrigen akausalen Auffassung des Weltgeschehens vereinbar.

Im Gegensatz zur Gravitation wird die Elektrodynamik heute ganz allgemein auf die Vorgänge im Atom selbst angewendet, und zwar mit erstaunlichem Erfolge. Diese positiven Erfolge sind wohl der ernsthafteste Einwand, der gegen die akausale Auffassung ins Feld geführt werden wird. Die Zeit verbietet mir ein näheres Eingehen auf diese Frage, und ich muß mich auf die folgende grundsätzliche Bemerkung beschränken, die zugleich unser Ergebnis kurz zusammenfaßt:

Die von *Exner* aufgestellte Behauptung geht dahin: Es ist sehr wohl möglich, daß die Naturgesetze samt und sonders statistischen Charakter haben. Das hinter dem statistischen

Gesetz heute noch ganz allgemein mit Selbstverständlichkeit postulierte absolute Naturgesetz *geht über die Erfahrung hinaus*. Eine derartige doppelte Begründung der Gesetzmäßigkeit in der Natur ist an sich unwahrscheinlich. *Die Beweislast obliegt den Verfechtern, nicht den Zweiflern an der absoluten Kausalität.* Denn daran zu zweifeln ist heute bei weitem das *natürlichere*.

Diesen Beweis nun zu erbringen, erscheint die Elektrodynamik des Atoms aus dem Grund ungeeignet, weil sie nach allgemeinem Urteil selbst noch an schweren inneren Widersprüchen krankt, die vielfach als logische empfunden werden. Ich halte es für wahrscheinlicher, daß die Befreiung von dem eingewurzelten Vorurteil der absoluten Kausalität uns bei der Überwindung der Schwierigkeiten helfen, als daß, umgekehrt, die Theorie des Atoms das Kausalitätsdogma dennoch als — sozusagen zufällig — richtig erweisen wird.

Die Wandlung des physikalischen Weltbegriffs

(Vortrag im Deutschen Museum München, 6. Mai 1930)

Die Umgestaltung des physikalischen Weltbildes, die sich an die Lebensarbeit Ludwig Boltzmanns und Max Plancks anschloß, hat in den letzten Jahren fast umstürzenden Charakter angenommen. Wir pflegen ja allerdings geistige Evolutionen, die wir selbst mitmachen, zu überschätzen infolge einer Art zeitlicher perspektivischer Verzerrung. Aber bis jetzt jedenfalls scheint uns die Umstellung des naturwissenschaftlichen Denkens, die da von uns verlangt wird, heftiger zu sein als irgendeine, an die die historische Erinnerung zurückreicht.

Merkwürdig ist es, daß die Umbildung von *zwei* Seiten in geradezu entgegengesetzter Form eingesetzt hat. Die einen kamen zu der Überzeugung, daß unser bisheriges Weltbild zu stetig, zu kontinuierlich sei. Sie sagten beispielsweise, man habe anzunehmen, daß die Atome und Moleküle ihre Energie nur unstetig, sprunghaft ändern, indem sie Energie nur in gewissen Portionen (Quanten) aufnehmen und abgeben, nicht kontinuierlich, wie man früher angenommen. *Die anderen sagten:* ganz im Gegenteil, schon das bisherige Weltbild ist viel zu diskontinuierlich, es ist gar nicht richtig, daß die Materie aus einzelnen bewegten Massenpunkten, Atomkernen, Elektronen usw. besteht, sondern es handelt sich um durcheinanderwogende Wellenzüge, die den Raum ganz stetig erfüllen. — Das allermerkwürdigste aber war: die beiden entgegengesetzten Denkrichtungen führten schließlich formal mathematisch zusammen. Und nicht nur formal mathematisch. Sondern, nachdem man gegenseitig gewisse Berichtigungen vorgenommen hatte, wurden die konkreten Aussagen über das, was bei bestimmten Experimenten wirklich herauskommen würde, identisch und standen in bester Übereinstimmung mit der Beobachtung. Die Vorstellungen, die Bilder, die Sprechweisen sind heute noch recht verschieden. Nennen wir A und B zwei Vertreter der ursprünglichen Richtungen, so ist es so: wenn A von Massenpunkten, Energiequanten, quantenhaften Energieänderungen (sogen. Quantensprüngen) der Atome spricht, so lächelt B etwas skeptisch; wenn B von kontinuierlichen Veränderungen und von Wellenzügen spricht und sich anmerken läßt, daß er recht konkret an ihre wirkliche Existenz glaubt, dann lächelt A etwas skeptisch. Die beiden einigen sich schließlich verbindlich dahin, daß offenbar sowohl an den Massenpunkten und Energiequanten als auch an den Wellenzügen und stetigen Energieschwankungen „etwas Wahres dran" sein müsse; aber sie sind bei diesem Kompromiß nicht ganz ehrlich, vielleicht nicht einmal ehrlich gegen sich selbst. Denn ehrliche Überlegung lehrt, daß ein wirklich existierendes Ding unmöglich zugleich ein Massenpunkt und ein Wellenzug sein kann. Aber merkwürdig genug: wenn die zwei Leutchen sich nun zusammensetzen und sagen: Also wir wollen dieses und dieses Experiment anstellen, was denkst Du wird dabei herauskommen?, dann sagen die beiden fast immer dasselbe, wenigstens bei solchen Experimenten, die sich wirklich ausführen lassen.

Wir wollen hier natürlich nicht auf Details eingehen. Aber fragen wir uns einmal ganz allgemein: wie kommt eigentlich die Vorstellung eines kontinuierlichen Geschehens, die uns allen so geläufig ist, zustande? Erleben wir es wirklich? Dabei handelt es sich nicht um das gefühlsmäßige Erleben des Alltags, das viel zu schwer zu analysieren ist, sondern um das, was die exakte Beobachtung, das messende Experiment uns liefert. Das von der Messung gelieferte Rohmaterial hat ohne allen Zweifel diskreten Charakter. Nehmen wir ein ganz einfaches Beispiel. Wir messen die Länge einer Strecke mit einem Maßstab ab, der in mm geteilt ist. Das Ergebnis kann 22 oder 23 oder 24 mm sein. Wenn der Maßstab einen Nonius hat, so kann z. B. 23,5 oder 23,6 oder 23,7 herauskommen. Wenn ich mich ein für allemal entschließe, noch halbe Noniusteile abzuschätzen, so schiebt sich zwischen jede dieser Zahlen noch *eine* weitere Zahl ein ... aber irgendwo ist jedenfalls eine Grenze. Sobald ich mich über einen Meßvorgang und die Art seiner Bewertung entschieden habe, gibt es für den Ausfall des Experiments nur eine Anzahl *diskreter* Möglichkeiten, und zwar eine *endliche* Anzahl, denn mein Maßstab hat eine endliche Länge, eine endliche Zahl von Teilstrichen; reicht das zu messende Objekt darüber hinaus, so ist das nur *eine* weitere Möglichkeit, die durch *diesen* Meßvorgang nicht mehr unterteilt wird. Und das gilt nun nicht bloß für das betrachtete Beispiel einer Längenmessung, sondern ganz allgemein, mag es sich nun um eine Wägung, eine Strom- oder Spannungsmessung, Ablesung einer Uhr oder Beobachtung eines Sternortes handeln. Jede Experimentaluntersuchung stellt sich, wenn man sie genau analysiert, dar als eine Aufeinanderfolge einzelner Konstatierungen vom Typus der eben betrachteten: man hat eine Meßanordnung aufgebaut, es steht von vornherein eine bestimmte endliche Menge von *möglichen* Meßresultaten fest, mögen es nun zwei, oder 50, oder 1000 oder 20 Millionen sein. Es ist, sozusagen, eine endliche Anzahl zulässiger Antworten mit der Natur verabredet, von denen eine und nur eine die Natur geben muß und geben wird, wenn sie durch Ausführung des Versuches befragt wird. Jede, auch die langwierigste und verwickeltste experimentelle Untersuchung ist nichts anderes als ein abwechselndes Frage- und Antwortspiel von dieser Art. Und da wir endliche Wesen sind und nur eine endliche Zeitspanne zum Leben und Forschen zur Verfügung haben, so liegt selbst nach Erledigung des umfangreichen Forschungsprogramms vieler Jahre, ja selbst wenn wir alles, was je ein Physiker durch exakte Messung konstatiert hat, zusammennehmen, doch immer nur eine endliche Anzahl solcher Fragen und Antworten vor. Mag die erste Frage 50, die zweite 1000, die dritte Frage zwei, die vierte 80 usw. verschiedene Antworten zugelassen haben, so wird durch beliebige Kombination aller dieser Möglichkeiten zwar eine ungeheuer große Zahl herauskommen (nämlich das Produkt der einzelnen Zahlen), aber sie ist doch endlich. Man kann

also sagen, daß die Natur durch die Antworten, die sie uns im Experiment gegeben hat, lediglich aus einer endlichen, wenn auch sehr großen, diskreten Menge, deren Umfang von vornherein feststand, eine eindeutige Auswahl getroffen hat. Oder: wir lokalisieren das *Wirkliche* innerhalb eines *endlichen Diskontinuums* von Möglichem. Das Rohmaterial unseres naturwissenschaftlichen Weltbildes hat also ohne jeden Zweifel diskontinuierlichen Charakter, es gehört, zunächst jedenfalls, einer diskontinuierlichen Mannigfaltigkeit an.
Nun ist freilich das Rohmaterial noch so vieler Experimentaluntersuchungen noch lange kein physikalisches Weltbild. Es muß erst transformiert werden durch die mannigfachsten gedanklichen Kreuz- und Querverbindungen zwischen den Ergebnissen der einzelnen Beobachtungen. Dies irgendwie allgemein mit Worten zu schildern, insbesondere den entscheidenden Einfluß zu schildern, den der *Ausfall* früherer Experimente auf Auswahl und Anordnung späterer ausübt, das ist kaum möglich. Der diskrete Charakter der einzelnen Fragestellung bleibt aber davon unberührt. Nur fühlen wir allerdings das unabweisliche Bedürfnis, das unmittelbar wirklich Beobachtete gedanklich zu ergänzen und zu bereichern, es abzubilden oder einzubetten in reichhaltigere Mannigfaltigkeiten, welche imstande sein sollen, nicht nur alle bisherigen, sondern auch künftige, und womöglich alle überhaupt denkbaren künftigen Messungsergebnisse in sich aufzunehmen. So entsteht allmählich ein Bild von der Natur, das wir zutreffend nennen, wenn es die Ergebnisse künftiger Versuche richtig vorauszusagen gestattet. Eines der einfachsten, wichtigsten und gebräuchlichsten Verfahren bei der allmählichen Erweiterung und Ergänzung der ursprünglich stets diskontinuierlichen Meßmannigfaltigkeiten ist das Verfahren der *Interpolation* eines Kontinuums möglicher Meßwerte. Wir haben z. B. den Widerstand eines Drahtes bei 10, 20, 30, ... 100^0 gemessen. Wir stellen das Ergebnis durch eine stetige Kurve oder durch eine stetige Funktionsbeziehung dar und sind überzeugt, daß sie auch

gültig sein wird für irgendwelche Zwischentemperaturen und die zugehörigen Widerstandswerte, die wir, wenn nicht mit diesem, so mit einem anderen Thermometer und Amperemeter messen könnten. Daß uns heute dieses Verfahren der kontinuierlichen Interpolation so selbstverständlich und naheliegend erscheint, dürfte mit unserer Schulung in der modernen mathematischen Analysis zusammenhängen. Es ist nützlich, sich zu erinnern, daß die Analysis sich das Kontinuum, in dem sie operiert, erst hat erkämpfen müssen, daß den antiken Mathematikern und Physikern das Interpolieren irrationaler Werte noch ganz erhebliche Kopfzerbrechen gemacht hat. In dem einfachen Fall, den ich anführte, und in tausend ähnlichen wird freilich gegen das Interpolieren kein Bedenken bestehen. Man würde es im Gegenteil sehr unsinnig finden, wenn jemand der zufälligen Einteilung der Thermometerskala oder der Amperemeterskala oder dem kleinsten Abstand der Teilstriche des Maßstabes, den er gerade benutzt, eine wesentliche Rolle in seinem Naturbild einräumen wollte. Aber gerade die praktische Brauchbarkeit und Unentbehrlichkeit des Interpolierens, in zahllosen einfachen Fällen dieser Art, scheint dazu geführt zu haben, daß man das Verfahren überspannt hat, indem man sich durch Gewohnheit geradezu *verpflichtet* fühlte, es auch bei rein gedanklichen Konstruktionen unbegrenzt weit fortzusetzen.

Ich möchte das an einem typischen Beispiel erläutern, das dem Brennpunkte der Schwierigkeiten, in welche die neuere Physik geraten ist, schon sehr naheliegt, nämlich an der *Bewegung eines Massenpunktes*, oder, sagen wir, eines sehr kleinen Partikelchens. Das von der Beobachtung gelieferte Rohmaterial ist auch hier, selbstverständlich, diskontinuierlich; schematisiert etwa so: 1. Ablesung einer Uhr, 2. Ablesung eines oder mehrerer Maßstäbeteilstriche, mit denen das Partikel koinzidiert, 3. dann wieder Ablesung der Uhr, 4. dann wieder der Maßstäbe usw. in möglichst dichter, aber unvermeidlich diskreter Folge. Durch Interpolation dieses Rohmaterials kommt die Vorstellung einer stetig durchlaufenden Bahnkurve zustande. Ist das Bewegte ein Staubkörnchen, eine Flintenkugel oder ein Planet, so ist das Verfahren und die Vorstellung, zu der es führt, sicherlich berechtigt, denn da ist eine Verfeinerung des Meßverfahrens und eine wirkliche Feststellung der Zwischenlagen und Zwischenzeiten sicherlich noch weitgehend denkbar. Handelt es sich aber um die Bausteine der Materie selbst, um Elektronen und Atomkerne, ferner um Räume von der Größenordnung der Atomdimensionen und um Zeiten von der Größenordnung einer Lichtschwingungsdauer, dann muß man sich erinnern, daß die stetige Bahnkurve *in keinem Falle* direkt beobachtbar ist, sondern *in jedem Falle* erst das Ergebnis einer gedanklichen Bearbeitung des Rohmaterials, nämlich einer Interpolation. Solange noch gar nicht feststeht, ob Ortsbeobachtungen innerhalb so kleiner Räume und Zeiten wirklich möglich sind, brauchen wir uns wohl nicht verpflichtet zu halten, die bloß fingierten Beobachtungen in diesem Bereich in der sonst üblichen Weise interpolatorisch auszugleichen und zu Bahnkurven zusammenzufügen. Und wir brauchen nicht bestürzt zu sein, daß der Begriff „Bahnkurve" in diesen Dimensionen völlig versagt — wie es tatsächlich der Fall ist.

Wir waren uns vorhin darüber klargeworden, daß wir an einem physikalischen System stets nur eine endliche Anzahl diskreter Konstatierungen wirklich ausführen können. Man hat den Wunsch, sich daraus ein so zutreffendes Bild von dem betreffenden System zu machen, daß sich das Ergebnis jeder weiteren Beobachtung, die man etwa daran anstellen könnte, voraussehen läßt. Dieser Wunsch trägt nun eigentlich den Stempel der Utopie an der Stirn. Denn die Zahl der *ausgeführten* Messungen ist endlich, die der *möglichen* sicherlich unendlich. Es ist von vornherein unwahrscheinlich, daß die Natur einfach genug sei, um solch einen Schluß von etwas Endlichem auf etwas Unendliches zu gestatten. Wie konnte dann aber dieser utopische Wunsch überhaupt aufkommen? Daß wir mit unseren endlichen Hilfsmitteln nicht *wirklich* imstande sein können, die Beschaffenheit eines physikalischen Systems genau festzustellen und sein künftiges Verhalten exakt vorauszusagen, darüber waren sich die Physiker wohl immer mehr oder weniger im klaren. Aber man hielt es für erlaubt, die Beobachtungen wenigstens in Gedanken immer mehr zu häufen und zu verfeinern, u. zw. vor allem durch ein prinzipiell unbegrenztes Interpolieren gedachter Beobachtungen zwischen die wirklich ausgeführten. Und man hielt kein anderes Bild der Natur für zulässig als eines, das wenigstens im idealen Grenzfall unendlich gehäufter und detaillierter Beobachtung eine eindeutige und genaue Voraussage künftigen Geschehens erlauben würde. Es hat gegenwärtig den Anschein, daß auch dieser sehr viel bescheidenere Wunsch — der Wunsch nach einem wenigstens *prinzipiell* deterministischen Bild — doch immer noch zu weit geht. Das physikalische Naturbild, das die klassischen Theorien, die klassische Mechanik, die klassische Elektrodynamik, Einsteins Theorie der Gravitation zu entwerfen versuchten, *war* von dieser determinierten Art; es sollte nach ihm eine sichere Voraussage künftigen Geschehens prinzipiell eigentlich möglich sein und nur mißlingen bzw. unvollkommen sein wegen mehr nebensächlicher Umstände wie mangelnde Meßgenauigkeit, Unmöglichkeit die Einzelmessungen wirklich ins unbegrenzte zu häufen u. dgl. Diese Auffassung hat sich nun aber nicht bewährt, das klassische Naturbild hat versagt.

Dies Versagen des deterministischen Naturbildes wird von vielen Seiten so ausgelegt, daß im Naturlauf wirklich etwas Unstetiges, Sprunghaftes steckt, daß von dem alten Satze: natura non facit saltum das genaue Gegenteil wahr sei: natura facit nil nisi saltus — die Natur macht überhaupt gar nichts anderes als unstetige Sprünge. — Man sollte aber mit dieser Deutung doch sehr vorsichtig sein. Wie ich im Anfange dieses Vortrages auszuführen mir erlaubt habe, haftet jedenfalls *unseren Beobachtungen* etwas Unstetiges, Sprunghaftes an; u. zw. jeder einzelnen Beobachtung grundsätzlich und immer, wie sehr man ihre Zahl auch häufen mag. Wir sind vermöge einer gewissen endlichen, beschränkten Beschaffenheit unseres Geistes schlechterdings nicht imstande, an die Natur eine Frage zu stellen, die eine stetige Folge von Antworten zuläßt. Die Beobachtungen, die einzelnen Meßergebnisse, sind die Antworten der Natur auf unsere unstetigen Fragestellungen. Daher sind sie vielleicht in sehr wesentlicher Weise eine Angelegenheit nicht des *Objektes* allein, vielmehr eine Angelegenheit der Wechselbeziehung zwischen Subjekt und Objekt. Für den Philosophen ist das eine alte Binsenwahrheit, aber sie gewinnt jetzt vielleicht wieder einmal erhöhte Bedeutung. Es ist dann nicht mehr so naheliegend und selbstverständlich, daß eine *Häufung* der Beobachtungen zu einer immer vollständigeren, und in der Grenze zu einer völlig genauen Kenntnis des *Objekts* führen müßte, die sein künftiges Reagieren eindeutig vorausbestimmt. Und wenn wir die wirklich vorliegenden Beobachtungen nach bestem Können interpolatorisch erweitern, sie einbetten in stetige Kontinua mit gesetzmäßigem Ablauf des Geschehens, so werden wir zunächst gar nicht erwarten dürfen, daß diese Kontinua das *Naturobjekt an sich* darstellen, sondern was sie zunächst darstellen, ist die *Relation zwischen Subjekt und Objekt*.

Das ist nun in der Tat *die* Deutung, die wir gezwungen waren, in der neuesten Phase der Atomphysik all unseren gedanklichen Konstruktionen zu geben. Die verschiedenen Wellengebilde, u. zw. sowohl die alten, längst bekannten elektromagnetischen Wellen als auch die neuen, sogenannten Materiewellen, sind nicht aufzufassen als rein objektive Beschreibung der Wirklichkeit, nicht — wie die klassische Elektrodynamik es sich gedacht hat — als Zusammenfassung der unendlich vielen Aussagen über den Zustand in jedem einzelnen Raumpunkt. Die Wellenfunktionen beschreiben nicht die Natur an sich, sondern die *Kenntnis*, die wir jeweils auf Grund der wirklich ausgeführten Beobachtungen von ihr besitzen. Sie lassen uns die Ergebnisse *künftiger* Beobachtungen nicht mit Sicherheit und Präzision, sondern gerade mit demjenigen Grad von Unschärfe und bloßer Wahrscheinlichkeit voraussehen, in welchem die an dem betreffenden Objekt wirklich angestellten Beobachtungen darüber präjudizieren. Dabei wäre es freilich immer noch *denkbar*, daß die Sache sich so verhält, daß unendlich gehäufte und verschärfte Beobachtungen über die Zukunft mit voller Sicherheit und Präzision präjudizieren. Ich sage, das wäre *denkbar*, aber es *ist* tatsächlich nicht so, die wellenmäßige Beschreibung, die gegenwärtig akzeptiert wird, ist von solcher Art, daß auch durch unendlich gehäufte und verschärfte Beobachtung die Zukunft *nicht* vollkommen entschleiert werden kann. Es liegt das, kurz gesagt, daran, daß die Beobachtungen einander gegenseitig stören — eine Beobachtung, die in *einer* Hinsicht unsere Objektkenntnis *vermehrt*, vermindert sie wieder in einer anderen Hinsicht.

Den notgedrungenen Verzicht auf eine rein objektive Beschreibung der Natur fühlen heute noch die meisten von uns als einen tiefgehenden Wandel des physikalischen Weltbegriffs. Sie empfinden es als schmerzliche Ermäßigung ihrer Ansprüche auf Wahrheit und Klarheit, daß unsere Zeichen und Formeln und die damit verknüpften Bilder nicht ein unabhängig vom Beobachter existierendes Objekt, sondern nur die Relation Subjekt:Objekt darstellen sollen. Aber ist diese Relation nicht im Grunde die einzige echte Realität, die wir kennen? Genügt es nicht, wenn *sie* einen festen, klaren, völlig eindeutigen Ausdruck findet, wozu in der Tat alle Hoffnung besteht! Warum müssen wir durchaus uns selbst ausschalten, hat nicht Gott selber uns durch den Mund unseres Dichters sagen lassen, daß *wir* es sind, die Ordnung in seine von Haus aus etwas chaotische Natur bringen sollen:

> Das Werdende, das ewig wirkt und lebt,
> Umfaß Euch mit der Liebe holden Schranken
> Und was in schwankender Erscheinung schwebt,
> Befestiget mit dauernden Gedanken!

Die Besonderheit des Weltbilds der Naturwissenschaft

I. Was zeichnet unsere Denkform aus?

1. Woher sie stammt

Aus gelegentlicher Beschäftigung mit der Philosophie der Griechen ist mir eine Fragestellung hervorgewachsen, von welcher sich ergab, daß der Versuch, sie zu beantworten, auf gewisse *perennierende* Probleme, wenn er sie nicht löst, doch neues Licht wirft. Das Aufkommen der Frage verdeutlichen wir am besten durch je eine Äußerung zweier hervorragender Scholaren des klassischen Altertums.
Im Vorwort zur vierten Auflage seiner „Early Greek Philosophy" (London A. & C. Black 1930) sagt *John Burnet:*
"it is an adequate description of science to say that it is thinking about the world in the Greek way. That is why science has never existed except among peoples who have come under the influence of Greece."
(die Naturwissenschaft läßt sich zutreffend kennzeichnen als das Nachdenken über die Welt nach der Weise der Griechen. So hat es sie denn auch immer nur unter Völkern gegeben, die unter griechischen Einfluß gerieten.)
Im ersten Band seines Meisterwerks „Griechische Denker" (3. Aufl., p. 419) spricht *Theodor Gomperz* von dem intellektuellen Nutzen, den die Beschäftigung mit jenen alten Lehrmeinungen bringen mag, ungeachtet des Fortschritts der Wissenschaften in zweieinhalb Jahrtausenden. Er weist darauf hin, daß manche prinzipielle Grundfragen der Naturwissenschaft in all dieser Zeit „zwar häufig ihr Gewand gewechselt, aber in ihrem Kern unverändert dieselben geblieben sind" und übrigens immer noch der Lösung harren. Dann fährt er fort: „Weit wichtiger aber ist es, daran zu erinnern, daß es eine *indirekte* Art der Nutzanwendung oder

Verwertung gibt, der ... die höchste Bedeutung zukommt. Nahezu unsere ganze Geistesbildung ist griechischen Ursprungs. Die gründliche Kenntnis dieser Ursprünge ist die unerläßliche Voraussetzung für die *Befreiung* von ihrem übermächtigen Einfluß. Die Vergangenheit zu ignorieren ist diesfalls nicht nur unerwünscht, sondern unmöglich ... unser ganzes Denken, die begrifflichen Kategorien, in denen es sich bewegt, die sprachlichen Formen, deren es sich bedient und die es darum beherrschen — all dies ist in nicht geringem Maße Kunstprodukt und vor allem das Erzeugnis der großen Denker der Vergangenheit. Sollen wir das Gewordene nicht für ein Ursprüngliches, das Künstliche nicht für ein Natürliches halten, so müssen wir jenen Werdeprozeß gründlichst zu erkennen trachten."

Es ist nicht ohne Interesse, hiermit die Meinung *Ernst Machs* zu vergleichen, dem doch auch die Ideengeschichte unserer heutigen wissenschaftlichen Weltanschauung sehr am Herzen lag. In seinen populären Vorlesungen (3. Aufl., J. A. Barth 1903) findet sich ein Aufsatz (Nr. XVII), in dem er, wie so mancher einmal, seinem Ärger über die Mängel des altphilologischen Schulunterrichts Luft machte und in genialem Schwung das Kind mit dem Bad ausgoß. Recht abfällig spricht er von den „spärlichen und dürftigen Überresten der antiken Wissenschaft" und resümiert schließlich (p. 315f.) so: „Denn unsere Kultur ist doch allmählich eine ganz selbständige geworden; sie hat sich weit über die antike erhoben und überhaupt eine ganz *neue* Richtung eingeschlagen. Ihr Schwerpunkt liegt in der mathematisch-naturwissenschaftlichen Aufklärung, ... Was an Spuren antiker Anschauungen in der Philosophie, im Rechtsleben, in Kunst und Wissenschaft noch zu finden ist, wirkt mehr hemmend als fördernd und wird sich gegenüber der Entwicklung unserer eigenen Ansichten auf die Dauer nicht halten können."

2. Vergleich dieser Urteile

Darin stimmen *Burnet*, *Gomperz* und *Mach* überein, daß sie unser Zeitalter vom Geist der Naturwissenschaft beherrscht sehen. Während aber die zwei klassischen Scholaren dies auf den mächtigen, ja übermächtigen Einfluß *unserer* Antike zurückführen, sieht der Physiker darin die Überwindung der Antike. Der Gegensatz ist vielleicht weniger kraß, als er im ersten Augenblick anmutet. Was unserem trefflichen Kenner der neueren Wissenschaftsgeschichte seit der Renaissance abgeht, sind wohl die ganz außerhalb gelegenen Vergleichsobjekte. Familienähnlichkeit entgeht uns leicht, wenn wir mit den Personen durch täglichen Umgang vertraut sind. In dem Maße, als die Kenntnis anderer Kulturen fortschreitet, älterer, die der unseren vorangingen, und anderer, die parallel, aber fast ganz getrennt im Fernen Osten aufsprangen, vermindert sich der zeitliche und ideelle Abstand zwischen einem *Ernst Mach* und einem Thales von Milet, und die geistige Verwandtschaft des Enkels mit dem Ahn hebt sich uns stärker ab als jenem selber.

Es ist aber auch noch an folgendes zu erinnern. Während von Plato fast jede Zeile in sorgfältigem, wenig verderbtem Text auf uns gekommen ist, von Aristoteles immerhin die größere und wichtigere Hälfte seines erstaunlich umfangreichen Œuvre, sind uns von den Pythagoräern, von den jonischen Aufklärern und von den Atomistikern nur geringe Teile, meist nur spärliche Fragmente erhalten, die als wörtliche Zitate eingestreut sind in die Berichte anderer über das Leben und die Lehre dieser Männer[1]). Die mühevolle, sichtende Sammlung dieser Fragmente durch *Ritter* und *Preller*, *Diels*, *Usener* u. a. fällt in die Lebenszeit *Machs*. Zweifellos ist für das Mißverhältnis hinsichtlich des uns

---

[1]) Eine Ausnahme machten das umfangreiche Kompendium hippokratischer Schriften und drei Briefe Epikurs bei Laertius Diogenes, in denen E. selbst einen kurzen Abriß seiner Philosophie gibt. S. *Cyril Bailey*, Epicurus, The extant remains, Oxford 1926 (Urtext, englische Übertragung und Kommentar).

Erhaltenen mitverantwortlich die bevorzugte Wertschätzung des Plato und Aristoteles seitens der christlichen Theologie. Sie standen ja auch wirklich durch ihre hohe ethische Auffassung, ihr entschiedenes Behaupten der Unsterblichkeit der Seele — bei sehr reservierter Haltung gegenüber der pythagoräischen Metempsychosenlehre — dem Christentum sehr nahe, wurden von ihm sozusagen „nostrifiziert" und haben es, wie man weiß, nachhaltig beeinflußt. Um so größeres Gewicht erhielt dadurch der schon von Plato gegen die jonische Aufklärung erhobene Vorwurf des Atheismus, der bald auch die Atomistik traf. Ihn von ihr abzuwehren war die geradezu fanatische Bekämpfung des Unsterblichkeitsgedankens durch Epikur und Lukrez ebensowenig geeignet wie deren naives Festhalten an den anthropomorphen Göttern der griechisch-römischen Mythologie.

Wie dem auch sei, auch ein vorurteilsfreier Philologe kann sich nur mit dem befassen, was er hat, nicht mit dem, was verloren ist. Und so hat allein schon das Volumverhältnis des in spätere Jahrhunderte Geretteten dazu geführt, daß lange Zeit und oft auch heute noch bei den Worten Griechische Philosophie die Namen und die Systeme des Plato und Aristoteles und ihrer Jünger und späteren Nachfolger aufleuchten und weiter nichts. Aus späteren Stellen des Aufsatzes, dem die oben zitierten Worte *Machs* entnommen sind, geht ziemlich deutlich hervor, daß sie hauptsächlich auf jene bezogen sind. Sein scharf absprechendes Urteil ist als Reaktion gegen die weitverbreitete Überschätzung zu verstehen[2]). Man würde sich freilich wundern, daß dem Physiker die alten Atomisten nicht näher lagen — wenn man nicht wüßte, daß *Mach* auch der modernen Atomtheorie

---

[2]) Eine wertvolle Neuorientierung verdankt man *Benjamin Farrington*, Greek Science, its meaning for us (Thales to Aristotle). Pelican Books A 142. Aber auch schon die oben erwähnten Werke von *Burnet* und *Gomperz* entwerfen ein eindrucksvolles Bild von der Bedeutung der jonischen Naturphilosophen als Begründern der Naturwissenschaft.

streng ablehnend gegenüberstand. Und sollte er ja einmal, um sich über die Meinung der Alten in diesem Punkt zu informieren, das *De rerum natura* des Lucretius Carus aufgeschlagen haben, so war das Werk dieses großen Dichters aber in der zeitgenössischen (!) Wissenschaft ganz unorientierten Dilettanten kaum geeignet, für die Idee zu werben.

3. Die Fragestellung

Wenn wir die oben erwähnten Äußerungen von *Burnet* und *Gomperz* zusammenhalten, so ergibt sich die Auffassung, daß die naturwissenschaftliche Weltanschauung eine spezielle, von griechischen Denkern entdeckte und von ihnen auf uns gekommene geistige Einstellung ist. Wir nehmen dies als *Arbeitshypothese*. Sie läßt sich wohl nur so prüfen, daß man eine vernünftige Antwort zu geben sucht auf die folgende Frage, zu der sie natürlicherweise führt: Welche charakteristischen Züge zeichnen denn diese naturwissenschaftlich-griechische Denkform aus und unterscheiden sie von anderen, die vielleicht nicht vorzuziehen, aber doch der Beachtung würdig sind? — Ich bin mir völlig bewußt, einen wie kleinen Teil des Rüstzeugs ich zur Beantwortung einer so weit gestellten Frage mitbringe. Ich werde sehr zufrieden sein, wenn mein unvollkommener Lösungsversuch andere zum Nachdenken über die Sache anregt. Vorläufig scheint es mir, wie schon eingangs angedeutet, daß man auf diesem Wege gewisse, immer wieder als störend empfundene Unzulänglichkeiten des naturwissenschaftlichen Weltbildes, wenn nicht beseitigen, doch als natürliche Folgen des von Haus aus eingenommenen speziellen Standpunktes nachweisen kann.

4. Skizze der Antwort

Dieser scheint mir nun folgende zwei Grundeinstellungen zu umfassen:

a) die Annahme, daß das Naturgeschehen sich verstehen läßt (Verständlichkeitsannahme);

b) das Ausschalten oder Fortlassen (aus dem angestrebten verständlichen Weltbild) des erkennenden Subjekts, welches in die Rolle eines außenstehenden Beobachters zurücktritt (Objektivierung).

a) DIE VERSTÄNDLICHKEITSANNAHME

Sie mag zunächst völlig trivial anmuten. Kein Wunder, ist doch unser ganzes Denken darin gebunden; die Sache erscheint uns selbstverständlich. Sie ist aber nicht das Ursprüngliche. Das Ursprüngliche ist Animismus. Mit diesem werden wir uns natürlich nicht sehr befassen, wohl aber, sozusagen umgekehrt, mit dem *Mach*schen Positivismus, der im Kampf gegen jenen entstanden ist, zur Beseitigung der Metaphysik aus der Physik. Er scheint uns übers Ziel hinauszuschießen, und wir suchen in Kap. II zu zeigen, daß die *Hoffnung auf Verständlichkeit der Natur* doch etwas weiter reicht als zur vollständigen, einfachsten und denkökonomischen Beschreibung der Erfahrung[3]). Daß sie weiterreichen darf, ohne noch in Animismus zurückzufallen. Schon daß überhaupt Ökonomie und eine erfolgreiche Ergänzung der Erfahrung in Gedanken möglich ist, insbesondere eine Extrapolation in die Zukunft, setzt eine bestimmte Beschaffenheit der Erfahrung voraus, ihre *Ordenbarkeit*. Diese ist eine Tatsache, die selber zur Erklärung auffordert. Und das ist kein Scheinproblem. Es ist zwar richtig, daß sich unser geordnetes Denken nur auf Grund dieses Sachverhalts hat ausbilden können. Wir können ihn aber doch imaginativ mit seinem Gegenteil vergleichen, können uns vorstellen, daß wir mit unserem geordneten Denken plötzlich in eine

---

[3]) Ich habe längere Zeit geschwankt, ob ich die Reihenfolge der Erörterung von (a) und (b) nicht umkehren soll. Wen die Auseinandersetzung mit dem Positivismus langweilt, der überschlage Kap. II oder gehe direkt zu Kap. IV über, wo er das findet, woran mir am meisten liegt.

Verhexte-Zimmer-Welt versetzt würden. Ferner kann die Erklärung nicht in den nackten Tatsachen selber gefunden werden, auch nicht in ihrer Geordnetheit — das wäre ein Zirkel —, sondern doch wohl nur in gewissen speziellen Zügen, die diese Ordnung aufweist. Und wirklich haben es die mechanische Wärmetheorie und der Darwinismus in dieser Richtung schon weit gebracht.
Im Kap. III wird die Verständlichkeitsannahme kurz mit anderen verglichen, und es werden Lücken aufgezeigt, welche sie infolge ihrer Beschränkung — denn auch sie *ist* eine Beschränkung — im Weltbild läßt.

b) Die Objektivierung

Wir meinen das, was wohl auch als die Hypothese der realen Außenwelt bezeichnet wird. Es ist nicht trivial, daß es sich dabei, wie ich behaupte, um eine vorerst unbewußt und unvollständig vorgenommene Vereinfachung des Problems der Natur durch vorläufige Ausschaltung des Erkennenden Subjekts aus dem Komplex des zu Verstehenden handelt. Daß die Objektivierung hinauskommt auf ein Zurücktreten der eigenen Person in die Rolle eines Beschauers, der selbst nicht mit dazu gehört, wird verschleiert durch folgende zwei gestaffelte Umstände. Erstens gehört mein Leib, an den sich doch mein Geistesleben so direkt gebunden erweist, mit zum Objekt, zur realen Außenwelt, die ich mir konstruiere. Zweitens gilt dasselbe von den Leibern anderer. Noch natürlicher als im Falle der eigenen scheint sich jene Zugehörigkeit auf die an die fremden Leiber geknüpften *Bewußtseinssphären* zu übertragen, die man doch als von der eigenen wesentlich verschieden zu hypostasieren pflegt. Die Übertragung stützt sich darauf, daß mir jene fremden Bewußtseinssphären einerseits hinreichend beglaubigt sind, um jeden Zweifel an ihrer Wirklichkeit auszuschließen, anderseits aber sind sie mir subjektiv schlechterdings und ganz und gar unzugänglich. Also, sagt man sich, müssen sie objektiv sein, d. h. man zählt sie dem Objekt, der realen

Außenwelt, zu. Weil sie nun doch, so sagt man sich weiter, untereinander und von der eigenen nicht der Art, sondern bloß der Individualität nach verschieden sind, so muß, was von ihnen gilt, auch für das eigene Bewußtsein zutreffen. Diese Kette von Fehlurteilen ist es, aus der die hauptsächlichen Antinomien entspringen, so die Verwunderung, daß das objektive Weltbild „farblos, kalt und stumm" ist, das vergebliche Suchen nach der Stelle, wo „der Geist die Materie bewegt" u. a. Die Ausführung dieser Gedanken findet sich in Kap. IV. — Es ist aber zu sagen, daß die zwei Punkte, die wir jetzt nacheinander behandeln, die Verständlichkeitshypothese und die Objektivierung, sich nicht wirklich trennen lassen, sondern ein Ganzes bilden. Der Schnitt ist künstlich, die Aufspaltung dient nur dem Zweck der Analyse. Kurz gesagt: die Verständlichkeit wird erkauft um den Preis, daß das Subjekt zurücktritt, was die Objektivierung möglich macht. — Und so bleibt es, wie schon erwähnt, dem Leser anheimgestellt, ob er allenfalls die folgenden drei Kapitel in umgekehrter Reihenfolge lesen mag: was den Vorteil hat, daß er so das uns Wesentlichste zuerst erfährt.

II. Die Leistung der Verständlichkeitsannahme

5. Historisches

Die Verständlichkeitsannahme geht auf die ionischen Naturphilosophen des 6. Jahrhunderts v. Chr. zurück, zu denen ich neben Thales, Anaximander, Anaximenes gern auch Xenophanes und Heraklit zähle, während wir in Leukipp und Demokrit jedenfalls deren unmittelbare Geisteserben sehen. Sie bildet die wirklich große Leistung dieser Bewegung. Es ist oft hervorgehoben worden — die klare Erkenntnis geht wohl auf *F. Max Müller* zurück —, daß es für den Menschen von Haus aus das natürliche war, die grandiosen Naturhandlungen, Wind und Wolkentreiben, Blitz und Donner, Sturm zur See, Erdbeben, stürzende Gießbäche, die Bewegungen der Gestirne und das Wachsen der Pflanzen auf die einzige, ihm direkt bekannte Ursache bemerkenswerter Handlungen zurückzuführen, nämlich die Willensentschlüsse von Persönlichkeiten. Ein wirklich bedeutender Schritt war es, diese Ätiologie zu einer Zeit, als sie bei der Menge noch unbezweifelt war und das praktische Verhalten weitgehend bestimmte, durch die Annahme zu ersetzen, daß die Welt ein verständlicher Mechanismus ist, dessen Funktionieren sich durch Beobachtung und Nachdenken ergründen und wohl gar zu eigenem Vorteil voraussehen läßt. Die naiven Bilder von der Natur der Dinge, zu welchen jene Pioniere der Vernunft zunächst gelangten, haben heute für uns wenig Interesse mehr. Nur spärliche Bruchstücke ihrer, wie es heißt, umfangreichen Werke sind uns in ihren eigenen Worten erhalten, dazu kürzere oder längere Berichte, oftmals aus der Feder von Historiographen, denen das naturwissenschaftliche Problem weniger am Herzen lag als die Komposition lesbarer und anregender Lebensbeschreibungen für das gebildete Publikum. Die wahre Meinung manches aus dem Zusammenhang gerissenen Bruchstücks bleibt oft zweifelhaft und dunkel, und das gesamte Weltbild, das nach gründlichem Studium aller Quellen dem Thales oder dem Heraklit zugeschrieben wird, bleibt unsicher und wenig klar. Darin besteht aber auch gar nicht die geistesgeschichtliche Bedeutung dieser Männer und dieser Epoche; vielmehr liegt sie, wie gesagt, in dem, daß überhaupt, u. zw. wohl zum erstenmal in der Geschichte, der Versuch unternommen wird, die Natur aus sich selbst heraus ohne Mystik oder das Eingreifen übermenschlicher Persönlichkeiten zu verstehen. Es tritt zum erstenmal der Gedanke auf, daß es möglich sein müsse, die ganze Mannigfaltigkeit des Erscheinenden auf ein paar einfache Grundprinzipe — was man später Naturgesetze nannte — zurückzuführen; der Gedanke, daß in der Natur alles mit natürlichen Dingen zugeht; die Hoffnung, sobald man die Grundlagen richtig erkannt und die daraus folgenden Gesetzmäßigkeiten sich klargemacht, werde sich das hilflose Staunen und Fürchten der Natur gegenüber überwinden und die Unsicherheit der Erwartung weitgehend einschränken lassen. Das war eine ungeheure Antizipation. Es *war* der Grundgedanke der Naturwissenschaft.

Ebensowenig wie bei den unhaltbaren Details können wir hier dabei verweilen, wie anderseits doch in knappen, folgerichtigen Denkstufen aus der Idee eines einheitlichen Grundstoffs (Thales, Anaximander), der *sich erhält* auch bei starken Formänderungen der Materie, wie Schmelzen und Verdampfen, insbesondere bei Änderungen der Dichte (Anaximenes), die Vorstellung hervorging, daß unveränderliche, starre, nur durch ihre Gestalt, nicht der Materie nach verschiedene kleinste Partikel, die sich im leeren Raum bewegen und einander lediglich durch Stöße beeinflussen, *allem* zugrunde liegen und durch ihre mannigfache Gestalt, Anordnung und stoßende Wechselwirkung alles, was wir beobachten, hervorbringen. — Daß hinwiederum die Kampfansage an den Aber- und Geisterglauben und der ehrliche Wunsch, die Natur zu verstehen, nicht die Achtung vor ihr verschüttete, vielmehr Gefühle tiefster Ehrfurcht vor ihrer Göttlichkeit anklingen ließ, dafür möchten wir an Xenophanes erinnern. Köstlich ist sein Spott, daß die Menschen meinen, die Götter würden geboren und trügen Kleider wie sie selber, und daß sie weiter diesen hohen Wesen alles andichten, was unter Menschen als Niedertracht gilt, Lüge, Diebstahl, Betrug und Ehebruch. Wenn Pferde und Rinder Hände hätten und damit malen könnten — so höhnt er —, dann würden sie ihren Göttern die Gestalt von Pferden, bzw. Rindern geben; wie ja die Äthiopier sich die Götter schwarz und stumpfnasig denken, die Thraker blauäugig und blond —. Dann aber sind uns aus seinem Gedicht Stellen erhalten wie diese:

(fr. 23) *Ein* Gott, unter Göttern und Menschen der Größte,
   Nicht an Gestalt den Sterblichen gleich, noch an Gedanken.

(fr. 24) Er ist ganz Sehen, er ist ganz Denken, er ist ganz Hören.

(fr. 25) Und ohne jegliche Mühe, mit seines Geistes Gedanken schwingt er das All. —
Die Verständlichkeit der Welt wurde das Grunddogma der Atomistik. Bei ihrem letzten großen Vertreter im Altertum[4]) finden wir es in der Form, daß einzig und allein das grundsätzliche Verstehen der Natur und der in ihr wirkenden natürlichen Ursachen dem Weisen die Unbeirrtheit und Gemütsruhe (ἀταραξία) geben kann, die zu einem glücklichen Leben unerläßlich sind. Freilich kann man, wenn man seine Lehrbriefe durchliest, nicht umhin zu bemerken, daß er doch dem Geist der Jonier schon recht fern stand. Man gewinnt den Eindruck, daß es ihm für sich und seine Schüler mehr um jene Ataraxia zu tun war, als daß ein echter unstillbarer Drang nach dem wahren Wissen um die Natur „den Garten" durchweht hätte. Man ist dort ganz zufrieden, wenn man für eine Himmelserscheinung, etwa für Donner und Blitz oder für den Jahreslauf der Sonne, drei oder vier mögliche Ursachen angeben kann: eine davon wird es schon sein, welche kann man natürlich nicht sagen, und das stört die Gemütsruhe keineswegs. — Epikur ist der Beginn eines viele Jahrhunderte währenden naturwissenschaftlichen Verfalls.

6. Was heißt Verstehen?

Nach Ansicht der neueren Philologie[5]) war es schon Epikur, der in die Verständlichkeitsannahme eine recht empfindliche Bresche schlug, welche eine bemerkenswerte Ähnlichkeit hat mit den psycho-physiologischen Schlüssen, zu denen in allerneuester Zeit einige Quantentheoretiker die Heisenbergsche Unbestimmtheit ausnützen möchten. Belegt ist die Sache allerdings nur im Lukrezschen Lehrgedicht[6]), und es

---
[4]) Siehe die oben angeführten drei Lehrbriefe Epikurs.
[5]) S. *Cyril Bailey*, op. cit. p. 186 (Kommentar zu § 43 des Briefes an Herodot) und p. 339 (Kommentar zu dem Brief an Menoikeus).
[6]) De rerum natura, II, 216ff.

bleibt mir wenigstens schwer faßbar, daß Epikur dieses wichtige Grunddogma („all-important doctrine") seines Systems in dem Lehrbrief an Herodot, der im modernen Druck etwa 18 Seiten umfaßt und die Grundlehren seiner Physik gibt, entweder gar nicht erwähnt haben soll oder bloß in vier Worten (αἱ δὲ κατὰ παρέγκλισιν), die man als *Konjektur* (von im ganzen 15 Worten) in eine kurze Textlücke ergänzt hat. Es handelt sich um folgendes: Demokrit hatte in der Physik der Atome an strengem Determinismus festgehalten, wenn ihm auch die bekannte fatalistische Schwierigkeit kaum entgangen ist, zu der dies führt; zumal er ja (wie auch Epikur und Lukrez) auch die Seele aus materiellen, wenn auch sehr feinen und leichtbeweglichen Atomen bestehend ansah. Von Lukrez erfahren wir nun, daß die Atome eben doch beständig in *ganz*, ganz kleinen, nach Ort und Zeit völlig unbestimmten Anwandlungen (παρέγκλισις, clinamen) von ihren mechanisch vorauszusehenden Bahnen abweichen und daß daraus allein die wahlfreien Willkürbewegungen der Tiere und des Menschen zu verstehen sind. —
Die Wandlungen des Verständlichkeitsbegriffs ziehen sich durch die Geistesgeschichte Europas in den folgenden zweitausend Jahren, überall dort am stärksten hervortretend, wo die Wissenschaft von der Natur, die „Physiologie" im altgriechischen Wortsinn, in den Brennpunkt des Interesses tritt, wie etwa in den Perioden der französischen und englischen Aufklärung. — Da wir nun hier nicht einen Abriß der Philosophiegeschichte schreiben können oder wollen, wenden wir uns sogleich der neueren, noch aktuellen Phase der Angelegenheit zu.
Versteckte Reste von *Animismus* fanden sich selbst in der Physik bis in die allerjüngste Zeit. Aus der landläufigen Naturauffassung sind sie bis heute nicht verschwunden. Denn wie *Mach* richtig hervorhebt, haftet ein Rest von Animismus selbst an der abstrakten Idee, die wir durch das Begriffspaar Ursache und Wirkung kennzeichnen. Die, wie man glauben möchte, erschöpfende und abschließende Kritik

David Humes hat die Kausalität nicht endgültig beseitigen können. Sie ist zu tief verwurzelt im Denken des Alltags und in der Sprache, ein zu wertvolles „Sigel" (im Wortsinn des Stenographen). Sie in der *Kant*schen Kategorientafel so kurz nach der *Hume*schen Grabrede wieder anzutreffen erstaunt freilich. — In der Physik machte sich die Kraft als „Ursache der Bewegung" ziemlich breit. Der Begriff ist sichtlich vom Willensakt der Muskelinnervation und dem Druckgefühl abgezogen, das den Akt begleitet, wenn er dazu führt, daß ein Glied unseres Leibes einen anderen Körper in Bewegung setzt oder abbremst. Wir mögen immerhin beteuern, daß wir aus dem physikalischen Begriff der Kraft das Merkmal *Absicht*, das dem psychophysiologischen Vorbild unzertrennlich anhaftet, fortlassen; es bleibt zweifelhaft, ob uns das ganz gelungen ist, solange wir noch das Ursache-Wirkungs-Verhältnis gleichsam als Platzhalter an die Stelle setzen, die causa efficiens für die causa finalis. Sie *bewirkt* doch noch immer den Erfolg, sei es auch unbewußt, ohne ihn zu *bezwecken*. Sie *ist* Jemand oder Etwas. Denn ein Niemand oder Nichts kann auch nicht einmal bewirken.
So ist denn *Kirchhoff* dafür eingetreten, daß man in der Mechanik unter Kraft *nichts weiter* als das Produkt aus Masse und Beschleunigung verstehen darf. Das *Newton*sche Bewegungsgesetz, das die Gleichheit aussagt, wird dadurch weder tautologisch noch trivial. Im Gegenteil, sein wahrer Gehalt tritt nach Befreiung von der Schlacke nur klarer zutage: die Körper bestimmen aneinander Beschleunigungen — nicht etwa Geschwindigkeiten oder sonst was. (Aristoteles glaubte, daß die Körper natürliche *Orte* haben, nach denen es sie hinzieht, das Leichte nach oben, das Schwere nach unten.) Als Aufgabe der Mechanik bezeichnete *Kirchhoff*, die in der Natur vor sich gehenden Bewegungen vollständig und auf die einfachste Weise zu beschreiben.
Ähnlich und noch allgemeiner hatten sich schon vor *Kirchhoff* andere geäußert[7]). Getragen von der Zustimmung des

---

[7]) *E. Mach*, op. cit. XV, p. 263.

„exaktesten" und „mathematischesten" Gebiets der Naturkunde, der Mechanik — wo er am paradoxesten anmutete —, ist der Gedanke, daß es sich in der Naturwissenschaft überhaupt bloß um die vollständige, einfachste, denkökonomische *(Mach)* Beschreibung des tatsächlich Vorgefundenen handelt, zu einer ungeheuren Bedeutung gelangt. Vielen gilt er heute als das A und Ω der Philosophie der Physik. Sein Vorkämpfer wurde bekanntlich *Ernst Mach*. Er formulierte den wichtigen Grundsatz der Sparsamkeit oder Denkökonomie, worunter einerseits zu verstehen ist, daß für größere und noch größere Erscheinungsgebiete durch das mächtige Hilfsmittel der Mathematik eine *einheitliche* Beschreibung erzielt wird, andererseits dies, daß aus dem physikalischen Weltbild alle überflüssigen Züge fortgelassen werden, alle, die durch die Beobachtungstatsachen nicht gefordert — und daher nicht beglaubigt sind. — Ganz im Banne des Entwicklungsgedankens, der in Darwinscher Ausprägung seine ungeheure Kraft auf alle Gebiete menschlichen Tuns und Denkens auszubreiten begann, fand *Mach* für den Fortschritt des naturwissenschaftlichen Erkennens die sehr glückliche Kennzeichnung: er besteht in einer allmählichen, schrittweisen Anpassung unserer Gedanken an die Tatsachen. Ziel und Aufgabe der Anpassung sei, daß man die Fähigkeit erlange, so vollkommen wie möglich aus gegebenen Tatsachen andere nicht oder noch nicht gegebene in Gedanken zu ergänzen. Ergänzung der Tatsachen in Gedanken, das sei, was der Naturforscher anstrebe.

7. *Prophezeien — Prüfstein oder Endziel?*

Diese streng neutrale, lediglich beobachtende und registrierende Haltung wird wohl als Machscher Positivismus bezeichnet. Er entstand als heilsame Reaktion gegen Wort- oder Scheinerklärungen, welche leicht durch vorzeitige Beruhigung des Gemüts der weiteren Erforschung von Tatsachen im Weg stehen; wie etwa wenn man das so besondere Verhalten der lebenden Substanz darauf schiebt, daß in ihr eine besondere Lebenskraft wirksam ist, anstatt nachzusehen, ob sie nicht schon in ihrer materiellen (atomaren) Zusammensetzung von anorganischer Materie so stark und genau in solcher Weise abweicht, daß wir auch ein grundsätzlich abweichendes Benehmen erwarten müssen.

Wenn uns dann aber gesagt wird — und es ist uns gesagt worden —, ein Erklären und Verstehen, über das bloße Beschreiben hinaus, habe überhaupt keinen faßbaren Sinn, so scheint dies seinerseits dem Fortschritt der Erkenntnis den Weg zu versperren, indem es auch das Auffinden echter Erklärungen verhindert. Der Positivismus erschöpft nicht das, was wir in dieser Studie unter der Verständlichkeitsannahme meinen. Das ist der Grund, weshalb wir uns hier mit ihm auseinandersetzen müssen.

Ich weiß, sein Hauptpunkt ist schwer anzugreifen. Die Position ist sehr stark. Ganz sicher ist es der einzige Prüfstein einer physikalischen Theorie, daß sie innerhalb des Tatsachenbereiches, auf den sie Bezug hat, aus den genauen Daten einer Versuchsanordnung die Erscheinungen, die sich daran beobachten lassen, richtig vorhersehen läßt. Wir wollen nun aber einmal annehmen, daß auf einem Gebiet, etwa in der Elektrodynamik, alle Zusammenhänge befriedigend erkannt und bündig beschrieben sind: dann liegt doch das Gebiet dieser Erscheinungen in ihrer mannigfachen Verkettung als eine *Gestalt* vor unserem anschauenden inneren Auge; eine Gestalt, deren Umrisse, wollen wir annehmen, ganz sichergestellt sind, so daß sich nichts mehr daran ändern wird. Kann sie aber nicht innere gestaltliche Beziehungen aufweisen, die interessant und bedeutsam sind, und soll uns verboten sein, darnach zu suchen und darüber nachzudenken? Soll das sinnlos sein, wie bei einer Wolke, die jetzt wie ein Kamel, bald wie ein Walfisch aussieht und doch keins von beiden ist?

„Ganz und gar nicht", wird der Positivist erwidern, „das sollst du sogar eifrig tun; sollst insbesondere nach Gestaltsbeziehungen suchen zwischen verschiedenen Gestalten dieser

Art, d. h. zwischen den auf verschiedenen Teilgebieten einigermaßen sichergestellten Theorien. Das ist nämlich genau der Weg, die Beschreibung einfacher, umfassender, denkökonomischer zu gestalten. Aber glaube nur ja nicht, daß du auf diese Weise je über die bloße Beschreibung hinauskommst. Hinter die Kulissen schauen kannst du nicht."
Darauf mögen wir — und ich glaube viele mit uns — antworten, wie dem auch sei, uns kommt es aber eben doch wesentlich auf das zuletzt oder jeweilen gewonnene *Bild* an; uns interessiert die Gestalt der Zusammenhänge als solche; das Prophezeien, das Vorhersagen von Beobachtungen ist uns bloß das Mittel, zu prüfen, ob das Bild, das wir uns machten, auch stimmt.

„Nun schön", versetzt der Positivist, „gar so viel Unterschied ist nicht zwischen uns; vorausgesetzt, daß ihr ehrlich bleibt und unter Bild oder Gestalt bloß die gesamte Zuordnung und Gliederung wirklicher oder möglicher Beobachtungsdaten versteht, ohne grundsätzlich unbeobachtbare Zutaten, Phantasiegebilde, die ihr euch zurecht macht, um die Wirklichkeit, wie ihr es nennt, zu *erklären*. Aber ich kenne euch. Ihr neigt vielmehr dazu, nicht die Tatsachen selber, sondern gerade jene Hilfskonstruktionen für das zu halten und auszugeben, was ihr ‚gefunden' hättet, für die eigentliche Errungenschaft. Und da mache ich nicht mit. Sondern was nicht direkten Bezug auf mögliche Sinneswahrnehmung hat, muß fortbleiben."

8. Sind unbeobachtbare Züge zulässig?
Das Beispiel der historischen Wissenschaften

Gehen wir diesem Vorwurf nach. *Mach* hat hervorgehoben, daß die angestrebte Ergänzung in Gedanken nicht immer Zukünftiges betrifft. Er sagt darüber[8]): „Man verlangt von

---
[8]) Populäre Schriften, 3. Auflage, Leipzig, J. A. Barth, 1903, p. 280f., in dem Vortrag „Über das Prinzip der Vergleichung in der Physik", Naturforscherversammlung, Wien 1894.

der Wissenschaft, daß sie zu prophezeien verstehe, ... Der Ausdruck, obgleich naheliegend, ist jedoch zu eng. Der Geologe, Paläontologe, zuweilen der Astronom, immer der Historiker, Kulturforscher, Sprachforscher prophezeien sozusagen nach rückwärts. Die deskriptiven Wissenschaften, ebenso wie die Geometrie, die Mathematik prophezeien nicht vor- und nicht rückwärts, sondern suchen zu den Bedingungen das Bedingte. Sagen wir lieber: die Wissenschaft hat teilweise vorliegende Tatsachen in Gedanken zu ergänzen."
Bei dem gelegentlichen Rückwärtsprophezeien der Astronomie ist an Dinge gedacht wie etwa die berühmte Sonnenfinsternis des Jahres 585 v. Chr., deren Rückwärtsberechnung aus modernen Daten einen wertvollen Anhaltspunkt für die Biographen des Thales von Milet geliefert hat. Richten wir aber den Blick auf die Wissenschaften, die regelmäßig „rückwärts prophezeien" — die historischen, in etwas allgemeinerem Wortsinn —, so muß uns auffallen, daß diese in ihren Nachhersagen doch wohl das eigentliche Resultat ihrer Forschung sehen. Sie würden keineswegs gewillt sein, die Aussagen über die Vergangenheit, welche durch vergleichendes Studium von Petrefakten oder von alten Handschriften oder von archäologischen Funden oft auf sehr indirekte und scharfsinnige Weise erschlossen wurden, als überflüssigen Ballast aus denkökonomischen Gründen fortzulassen. Und doch sind diese Aussagen durch direkte Erfahrung unkontrollierbar. Sie bilden in ihrer Gesamtheit eine gedankliche Ergänzung des uns allein Zugänglichen, das sind die natürlichen oder künstlichen Aufzeichnungen, Überreste, Inschriften, Funde, Überlieferungen usw. Dieses uns direkt Zugängliche in einen geordneten Zusammenhang zu bringen und zu *verstehen* ist der Zweck jener Ergänzung, die ihrerseits durchweg aus grundsätzlich Unbeobachtbarem besteht. Das erzielte Verständnis läßt sich zuweilen in ganz ähnlicher Weise auf seine Richtigkeit prüfen wie in den physikalischen Wissenschaften. Es kann nämlich wie dort dazu führen, daß empirisch Zugängliches zutreffend vorausgesagt wird, z. B. in der Geologie Erzlagerstätten; der

Archäologe mag Inschriften neu entziffern, die auf eine frühere Siedlung an bestimmtem Ort zu bestimmter Zeit hinweisen; man sucht nach den Trümmern, findet sie in der erwarteten Schicht. Nicht immer freilich. Manches ist spurlos „vom Erdboden verschwunden". Auch sind in jedem Fall die Ruinen nicht identisch mit der blühenden, volkreichen Handelsstadt, die vor unserem geistigen Auge aufgestiegen ist. Diese bleibt, naturwissenschaftlich betrachtet, eine unkontrollierbare gedankliche Hilfskonstruktion zur Herstellung des Zusammenhangs zwischen allen vorgefundenen Aufzeichnungen und Überresten und zu ihrer sinnvollen Einordnung in das größere Ganze der Kulturgeschichte.

Ich möchte wissen, wie die historischen Wissenschaften es anstellen sollten, diese Ordnungszusammenhänge auch nur sprachlich auszudrücken, geschweige denn zur Zielsteckung für den Fortgang ihrer Forschungen zu verwenden, wenn sie auf solche Hilfskonstruktionen verzichten wollten, in denen sie doch, wie gesagt, ganz im Gegenteil den greifbaren Niederschlag ihrer Arbeit, das eigentliche *Objekt* ihrer Untersuchung sehen. Dieses Objekt, das in frischen Farben auflebende Bild vergangener Geschehnisse, ist zu hundert Prozent rein ideell. Es ist und bleibt in unserer Imagination, kein kleinstes Stück davon läßt sich in aktuelle Sinneswahrnehmung ausmünzen. Soll man es also fortlassen und bloß die wirklichen Überreste studieren; und den Zusammenhang zwischen ihnen in vorsichtigen Sätzen ausdrücken, in denen die Wörtchen „als ob" sich bis zum Überdruß wiederholen würden? Ich möchte wissen, wer darin einen denkökonomischen Vorteil sehen könnte.

9. Braucht die Physik Bilder?

Sehr merkwürdig ist, welche Wissenszweige *Mach* anführt — und vor allem welche er nicht anführt — als solche, deren Prophetie weder vor- noch rückwärts weist, sondern auf Gleichzeitiges geht. Bei den damals sogenannten „beschrei-

benden" Wissenschaften mag man an einen Jungen denken, der eine Blume bestimmt hat und ins Herbar einlegt in der befriedigten Überzeugung, daß sie gewiß auch in den nicht verwendeten Bestimmungsstücken der vollen Beschreibung der Spezies entsprechen muß. Außerdem erwähnt *Mach* nur Mathematik (und Geometrie). Die ist nun in diesem Zusammenhang wirklich höchst problematisch. Auf jeden Fall liegt hier eine gänzlich andere Art von „Bedingtheit" vor als in allen anderen Fällen. Warum, so fragt man sich, werden diese Beispiele an den Haaren herbeigezogen, und die viel näherliegende Physik und Chemie bleibt unerwähnt? Wir lesen am Manometer den Druck im Dampfkessel ab und können daraus und aus einer Dampfdrucktabelle auf die Temperatur schließen. Wir sehen in einem Spektrum eine gewisse Linie aufleuchten und wissen, jetzt ist Lithiumdampf in der Flamme usw. usf. In diesen und vielen anderen, mehr oder weniger trivialen Fällen könnten die ergänzten gleichzeitigen Merkmale prinzipiell direkt nachgeprüft werden. Es gibt hier, in der Physik und Chemie, aber auch den weniger trivialen Fall von gedanklichen Hilfskonstruktionen, welche mit den oben betrachteten historischen, archäologischen usw. *erstens* dies gemein haben, daß sie zwar fast unentbehrlich sind, um den beobachteten Zusammenhang sinnenfälliger Merkmale zu verstehen, selber aber nicht oder jedenfalls nicht in der Detailliertheit sinnenfällig gemacht werden können, in der sie imaginiert werden müssen, um jenen Dienst zu leisten. Sie werden aber trotzdem — und das ist der zweite gemeinsame Punkt — von denen, denen sie am Herzen liegen, als der eigentlich wertvolle Niederschlag ihrer Arbeit, als das erarbeitete ideelle Bild ihres Forschungsobjekts betrachtet und sozusagen geehrt.
Machs Stellung zu solchen Konstruktionen war durch sein erkenntnistheoretisches Prinzip gegeben. Er hat sie genau nach Maßgabe ihrer vermuteten Unbeobachtbarkeit abgelehnt. Das heißt, die Wellenlehre des Lichts wurde natürlich akzeptiert, atomistische und molekulare Vorstellungen aber radikal verworfen und ihnen der baldige Untergang

prophezeit. Ihn heute dafür zu verunglimpfen wäre ein billiger Triumph. Aber wieder einmal nachdrücklich an jene Fehlprognose zu erinnern, und insonderheit daran, daß sie eine Folge seiner überspannten Methodenlehre war, scheint mir richtig angesichts der fundamentalen Rolle, die jenem bestechenden Prinzip von den Neomachianern in der heutigen Quantenmechanik noch oder wieder eingeräumt wird. Hat man vergessen, daß es an einer entscheidenden Wendung praktisch vollkommen versagt, diametral irregeführt hat? Das allein sollte es höchst verdächtig machen, nach *Machs* eigenen Grundsätzen, die ganz und gar auf den praktischen Erfolg von Lehrmeinungen abstellten.

Es wird uns heute, u. zw. unter ausdrücklicher Berufung auf *Mach*, gesagt, daß wir mehr als jenes ad nauseam wiederholte Prophezeien von unserer Wissenschaft nicht erwarten dürfen. Fort mit dem „Bilderdienst". Nur Differentialgleichungen oder sonstige mathematische Veranstaltungen und ein Rezept, wie man aus ihnen und aus einem Satz wirklich gemachter Beobachtungen alle Aussagen über alle künftig anzustellenden ableiten kann, welche voraus zu wissen grundsätzlich überhaupt möglich ist. Das Verlangen nach anschaulichen Bildern, so sagt man uns, heiße wissen wollen, wie die Natur wirklich beschaffen ist. Und das sei Metaphysik — ein Ausdruck, den die heutige Naturwissenschaft hauptsächlich als Schimpfwort gebraucht.

Bekanntlich spielt in die Erörterung die *Heisenberg*sche Ungenauigkeitsbehauptung stark herein. Mit dem *Mach*schen Prinzip gekreuzt, führt sie zu der Auffassung, daß selbst das schlichte Beobachten von und Experimentieren mit gewöhnlicher, unbelebter Materie uns mit einemmal der ganzen, tiefen Problematik des Subjekt-Objekt-Verhältnisses gegenüberstellt. Wenn diejenigen, die das meinen, recht haben sollten, so würde es für uns hier bedeuten, daß das *verständliche, objektivierte* (d. i. vom Subjekt formal befreite) Weltbild, dessen Möglichkeit den Gegenstand dieser Studie bildet, schon in viel primitiverer Weise versagt als bloß erst in den Punkten, von denen im 3. und 4. Kapitel

die Rede sein wird und um die der Physiker und Chemiker in seinem Laboratorium sich eigentlich nicht zu kümmern braucht; daß es auch für ihn versagt, u. zw. nicht bloß in irgendeiner bestimmten Form, in der es vorliegen mag, sondern daß sich überhaupt keines konstruieren läßt.
Vielleicht muß man diese Möglichkeit offenlassen. Für wahrscheinlich halte ich es nicht. Vorläufig scheint mir, daß der ikonoklastische Aufruhr seinen Grund einzig darin hat, daß die Vorstellung von den Korpuskeln zwar heute zum unbezweifelten und unveräußerlichen Besitz des Physikers geworden ist, den er im Laboratorium und am Schreibtisch beständig als Denkbehelf verwendet, daß sie aber andererseits zu nicht unbeträchtlicher Verlegenheit führt, weil uns bisher nicht gelungen ist, sie mit der Wellenvorstellung zu vereinigen, die, wie man jetzt weiß, nicht etwa auf andere, vielmehr auf ganz dieselben Phänomene angewendet werden muß wie die korpuskulare, d. h. ebenso wie diese einfach auf alles. Manche glauben nun im Machschen Prinzip aus diesem Dilemma ein wundervolles Auskunftsmittel zu finden, welches uns des Suchens nach klaren Vorstellungen von der Natur einfach dadurch entbinde, daß es sie als Köhlerglauben verpöne.

10. Das Bild ist nicht nur erlaubtes Hilfsmittel, sondern Zweck

Es ist aber schwer einen Grund einzusehen, warum in den physikalischen Wissenschaften als Ketzerei gelten müsse, was in den historischen eine Selbstverständlichkeit ist, nämlich von Ereignissen und Sachverhalten zu handeln, die der direkten Beobachtung unzugänglich sind. Die historischen tun das fast ausschließlich. Daß es auch in den physikalischen in einem bestimmten Sinn unvermeidlich ist, muß jeder zugeben. Das tiefe Erdinnere, das Innere der Sonne und der Sterne gehören hierher; ja schon daß Sonne, Mond und Sterne in Entfernungen, die sich mit der Meßkette nicht nachprüfen lassen, als materielle Körper greifbar im Raum schweben und etwa einem aufprallenden Meteor Widerstand entgegensetzen würden, sind unbeobachtbare Züge des Weltbilds, die wir doch daraus nicht fortlassen können oder wollen. Warum sollen wir es mit dem Innern der Atome anders halten *müssen?* Warum sollen wir uns da für unsere Mißerfolge auf ein erkenntnistheoretisches Prinzip ausreden dürfen?

Mir kommt vor, daß hier (in der Physik) wie dort (in der Historie) das geschätzte Ergebnis unseres Bemühens ein immer deutlicher gestaltetes, anschauliches und in seinen Zusammenhängen verstandenes Gesamtbild des untersuchten Gegenstandes ist. Hier wie dort würde der Zusammenhang völlig zerstört, wenn wir durch Wahrhaftigkeitsskrupel uns gehalten fühlten, alles das fortzulassen, was nicht durch unmittelbares Urteil der Sinne verbürgt ist oder gewünschtenfalls unter Beweis gestellt werden kann; wenn wir uns gehalten fühlten, alle Aussagen so abzufassen, daß ihre Beziehung auf Sinneswahrnehmungen unmittelbar offen zutage liegt.

11. Der verständliche Zufall: Wärmetheorie

Schon in der Einleitung, Abschnitt 4a, wurde bemerkt, daß es sich selbst vom streng *Mach*schen Standpunkt aus bei der naturwissenschaftlichen „Beschreibung" doch keineswegs um eine bloße Chronik der Geschehnisse handelt; nicht um eine Erzählung, erst geschah dies, dann geschah jenes; sondern um die Behauptung, *immer wenn* dies geschieht, geschieht nachher jenes. Sehr abgekürzt ausgedrückt: es liegt vor eine Beschreibung gehabter Erfahrungen, gepaart mit der Behauptung, daß dieselben sich gegebenenfalls in der gleichen Ordnung und gegenseitigen Abhängigkeit wiederholen würden. Und diese Behauptung läuft nicht leer. Sie ist ein wesentlicher Teil der Aussage. Auch ist sie ein regelmäßiger, immer aufs neue nötiger Beitrag, der nicht durch eine einmalige Erklärung „abgelöst" werden kann.

Denn dieses „immer wenn" trifft ja nicht für jede Ereignisfolge zu, sondern bloß für manche; es gibt auch andere. Die Möglichkeit, das Naturgeschen in gesetzmäßige Ereignisketten zu ordnen, für welche das „immer wenn" gilt, ist selber etwas, wovon man den Grund einsehen möchte. Kann man das?

In gewissem Sinne ja. Wie schon *Franz Exner* in seinen 1919 (bei Franz Deuticke, Wien) erschienenen Vorlesungen gezeigt hat, sind die Gesetzmäßigkeiten, welche die mechanische Wärmetheorie auf die Statistik außerordentlich zahlreicher Einzelereignisse zurückführt, ganz unabhängig davon, ob die Einzelereignisse, die das Material der Statistik bilden, ihrerseits absolut scharf, „kausal", determiniert sind, wie man bis dahin angenommen hatte, oder vielleicht primär zufällig, mit beträchtlicher Streuung des Erfolgs auch bei völlig gleichen Anfangsbedingungen. Exner vermutete das letztere. Es traf sich so, daß dieselbe Vermutung einige Jahre später von Seite der Quantenmechanik lanciert und bald in deren Credo aufgenommen wurde. *Exners* Name wird dabei nie erwähnt, wohl deshalb, weil er seine Ideen in keiner gelehrten Zeitschrift, sondern in einem lesbaren Lehrbuch ohne Formelkram publiziert hatte.

Das wichtige an seiner Überlegung ist nun aber gar nicht, wie es letzten Endes wirklich um die Elementarereignisse bestellt ist, sondern daß es für die beobachtete Gesetzmäßigkeit darauf gar nicht ankommt. Sie ist auf jeden Fall bloß die Folge der Statistik mit sehr großen Zahlen. Sie ist damit direkt auf den einfachsten mathematischen Begriff zurückgeführt, den es gibt, auf die ganze Zahl. Der geordnete Erscheinungsablauf, den wir vorfinden, kommt auf eine Art zustande, die uns natürlich scheint und die wir völlig durchschauen; man kann sagen: durch verständlichen Zufall.

Ist damit nun das *Induktionsgesetz* theoretisch begründet? Das ist eine sehr heikle Frage. A posteriori ja. A posteriori heißt: nachdem wir eine Physik aufgebaut haben, die schließlich in die Boltzmannsche Theorie der Irreversibilität und der Naturgesetzlichkeit ausmündet. Aber natürlich hätten wir dies Ideengebäude nicht aufführen können, ohne zur Verallgemeinerung von Beobachtungen immerfort den Induktionsschluß zu benützen. Und der hängt zunächst in der Luft. Er ist eine Anleihe. Zurückgezahlt wird sie erst zum Schluß, nachdem in der Boltzmannschen Theorie die Struktur makroskopischer Ereignisse bloßgelegt worden ist, auf der die effektive Tragkraft des Induktionsschlusses beruht; die Struktur des Makroskopischen, daß es stets durch das Zusammenwirken ungeheuer vieler, gleichartiger mikroskopischer Teilereignisse zustande kommt. — Ist das nun ein Zirkel?

12. Die Darwinsche Abstammungslehre

Wie dem nun aber auch sein mag, die mechanische Wärmetheorie in der Form, die *Boltzmann* ihr gegeben, ist ein positiver Erklärungserfolg, u. zw. nicht etwa nur auf eine bestimmte Seite der Phänomene bezüglich, wie der Name „Wärmetheorie" anzudeuten scheint, sondern wahrhaft von allumfassender Bedeutung für unser gesamtes Naturverstehen. Sie sprengt schlechterdings den Rahmen des „Bloß-ökonomisch-Beschreibens". Einen zweiten Erfolg von mindestens derselben Tragweite, der eine viel verwickeltere Stufe natürlicher Zusammenhänge betrifft, stellt die *Darwinsche* Abstammungslehre vor. Die beiden Theorien haben in ihrer Grundstruktur sehr viel gemein. Die wieder und wieder und wieder sich vollziehende, statistisch-zufällige Auslese aus sehr großen (wenn auch nicht ganz *so* großen!) Populationen, das ist doch der „Mechanismus", der nach *Darwin* zur Bildung und Züchtung lebensfähiger Arten führt. Wie in der Wärmetheorie, so ist auch hier das Erklärungsprinzip der *verständliche Zufall:* es ist uns verständlich, daß eine Mutation, die ihren Träger auch nur ein wenig begünstigt, sich schließlich anreichern muß, wenn jedesmal aus einer sehr zahlreichen Nachkommengeneration bloß ein kleiner Bruchteil durch den Zufall fürs Überleben ausgelesen wird. Es ist nicht nur verständlich, es ist selbstverständlich, es ist Definitionssache. Denn was soll „begünstigen" anders heißen, als die Lebenschancen oder den statistischen Bruchteil Überlebender ein wenig erhöhen. Der Rest ist einfache Mathematik. — Wieder handelt es sich um eine Zurückführung auf den einfachen Zahlbegriff, und dieser Zug ist gegenüber der ursprünglichen Darwinschen Fassung noch vertieft worden, seitdem sich gezeigt hat, daß die kontinuierlichen Variationen, die *Darwin* im Auge hatte, durch des *de Vries* sprunghafte Mutationen zu ersetzen sind, weil bloß diese, nicht aber jene erbbeständig sind.

13. Weiteres über den Induktionsschluß

Die Anpassungstheorie beleuchtet die Genesis des Induktionsgesetzes wieder von ganz anderer Seite her. In einer Welt, die gesetzmäßig abläuft aus Gründen, die die mechanische Wärmetheorie aufgeklärt hat, wird folgende Eigenschaft für ein Lebewesen günstig sein: die Eigenschaft, auf die *Wiederholung* einer Umgebungssituation U, der gegenüber das Lebewesen sich schon ein- oder mehrmals mittels des Motoraktes M *behauptet* hat, wieder mit M zu reagieren. Wir werden uns also nicht wundern, daß eine solche Eigenschaft selektiven Wert hat und sich ausbildet, u. zw. nicht bloß einer einzigen U, sondern allen relevanten Umgebungssituationen gegenüber. Es ist die typische allgemeine Form der Anpassung an eine gesetzmäßig ablaufende Umgebung, in der die wiederkehrende Situation U auch wieder dieselben Konsequenzen hat, denen gegenüber M sich schon einmal bewährt hat.

Von einem Bewußtseinsakt haben wir bisher nicht gesprochen, und es braucht keiner nachweisbar involviert zu sein; die Überlegung findet auch auf Pflanzen Anwendung. Wenn aber bei einem höheren Tier die, nennen wir es Reaktionsgewohnheit $U \rightarrow M$, die sich ausbildet, von solcher Art ist, daß sie ins Bewußtsein tritt, so wird sie sich dort wohl —

dumpfer oder deutlicher — etwa in der Weise spiegeln, daß *M* gewählt wird, weil es erfolgreich war gegenüber den vormaligen Konsequenzen von *U*, mit deren Wiederholung gerechnet wird.
Dies scheint mir der Grund, weshalb sich uns der Induktionsschluß mit so unabweislicher Dringlichkeit aufnötigte, ohne jede Überlegung und vor aller Theorie: er ist die geistige Begleiterscheinung des einzigen praktischen Verhaltens, mit dem wir uns einer gesetzmäßig ablaufenden Welt gegenüber behaupten können.
Man wird nicht übersehen: die Verantwortung für das tatsächlich gesetzmäßige Verhalten fällt auch hier wieder der mechanischen Wärmetheorie zu.

III. Die Lücken, welche die Verständlichkeitsannahme läßt

14. *Kontrastierung gegen andere Denkformen*

Einen vollen Eindruck von der Besonderheit der Verständlichkeitshypothese kann man eigentlich nur gewinnen, indem man sich lebhaft in eine Geisteslage hineindenkt, der sie fernliegt. Das ist gar nicht so leicht in unserem Milieu. Selbst der immerhin noch recht weit verbreitete Aber- und Gespensterglaube, Spiritismus, Astrologie u. dgl. sind relativ milde, unter dem Einfluß des kausalen Denkens gezähmte Erscheinungsformen. Man kann schwer aus seiner Haut heraus. Insbesondere hat unsere Sprache schon ganz und gar *der* Einstellung zur Natur sich angepaßt, die *Burnet* und *Gomperz* die griechische nennen — man vergleiche ihre ganz zu Anfang zitierten Worte. Dutzende von lebenswichtigen Partikeln, wie *weil, da, obwohl, damit, so daß, weshalb, dennoch, gegeben, geschweige denn, gleichviel* usw., haben eine feste logische Bedeutung angenommen, haben genaue Gegenstücke in allen Sprachen, die geistig (nicht notwendig etymologisch) von der griechisch-lateinischen Mittelmeerkultur abstammen und machen das Übersetzen aus der einen in die andere leicht. Ungriechisches Denken aber erscheint von unserem Standpunkt und in unserer Sprache ausgedrückt nicht bloß fremdartig, nicht bloß schief und falsch, sondern sehr leicht ungereimte, absurde Faselei. Wir werden uns ihm auch wohl nie wirklich anschließen, sondern es höchstens eklektisch zur Ergänzung und Weiterbildung des unseren heranziehen, nachdem wir (*Gomperz* folgend) dessen Besonderheit erkannt und vielleicht Lücken aufgedeckt haben, die es wegen seines Ausgangspunktes aus sich selbst heraus nicht zu schließen vermag.

Es liegt im Wesen der Verständlichkeitsdoktrin, daß man bei der Betrachtung des Geschehens immer solche Wahrnehmungen oder Beobachtungen zusammendenkt, die im Zusammenhang der Notwendigkeit stehen. Man greift Kausalketten heraus und bezeichnet sie als das allein Wesentliche. Im wirklichen Leben aber kreuzen sich beständig Hunderte von Kausalketten, und so treffen beständig Ereignisse zusammen, die nicht in einem verständlichen Zusammenhang stehen, deren Zusammentreffen dem naturwissenschaftlich Denkenden als zufällig gilt. Es sind Dinge wie eine Sonnenfinsternis und eine verlorene Schlacht; eine schwarze Katze, die mir von links über den Weg läuft und ein geschäftlicher Mißerfolg am gleichen Tag. Es sind aber auch Dinge wie ein auf der Durchreise durch Basel wegen eines überfahrenen Hundes versäumter Zug, der mich an demselben Abend einen entfernten Bekannten aus Istanbul treffen läßt und dann (logisches Subjekt bleibt der tote Hund) mein ganzes künftiges Leben in neue Bahnen lenkt; oder ein Einspänner, der eben vorbeifährt, als ein Baby aus dem Fenster des zweiten Stocks auf die Spitze eines Laternenpfahls gefallen ist, wo das zerreißende Kleidchen es abbremst, so daß es dann auf das Einspännerdach und von da auf den Kutschbock rollt und mit einer Rißquetschwunde davonkommt (der letzte Fall ist meiner väterlichen Familienchronik entnommen). Aber auch von solchen ausnahmsweisen Fügungen abgesehen, wird jeder, der einen ihm gut bekannten Lebensweg, etwa den eigenen, genau überlegt, den Eindruck gewinnen, daß das zufällige Zusammentreffen nicht direkt ursächlich verknüpfter Ereignisse oder Umstände darin eine sehr große, ja eigentlich die interessante Hauptrolle spielt, gegenüber welcher die der durchschaubaren Kausalketten mehr trivial erscheint als der Mechanismus, der für die eigentlich beabsichtigte Vorführung das Vehikel bildet, die Klaviatur, auf welcher die oft schöne, oft schaurige, aber schließlich immer irgendwie sinnvolle Harmonie gegriffen wird. Und das kann zu dem Urteil führen, daß die Verständlichkeitsdogmatik, so vernünftig sie scheint, doch nur einen kleinen, u. zw. den trivialsten Teil der uns wirklich interessierenden Zusammenhänge aufklärt, während die Hauptsache unverstanden bleibt.

Am Meeresstrand hinschreitend, finden wir an einer Stelle nebeneinander auf den Sand gespült einen toten Fisch, ein Stück Balken von besonderer Form und ein verschlossenes grünes Fläschchen. Wir mögen daran achtlos vorübergehen; oder wir mögen uns für einen oder für jeden dieser Gegenstände besonders interessieren; daß sie dort nebeneinander zu liegen gekommen sind, kann uns höchstens zum Nachdenken veranlassen, wenn wir einen Grund für das Zusammentreffen vermuten, etwa daß sie von demselben Schiffbruch herrühren könnten. Der denkende, aber noch nicht westlich beeinflußte Chinese ist geneigt, im schicksalhaften Zueinandergeraten auch von gleichgültigen, nicht gefühlsbetonten Dingen einen *Sinn* (Tao) zu suchen, nicht notwendig einen abergläubischen; es mag ihn fesseln, einem solchen kleinen Ausschnitt des Sinnes der großen, für ihn ganz und gar sinndurchwirkten Natur nachzudenken, vielleicht in ähnlicher, rein anschauender Haltung, wie der westliche Forscher ein kleines Experiment, das er antrifft, beobachtet und überlegt; zum Beispiel Wassertropfen, die an einer Glasscheibe herabfließen, sich vereinigen, alsogleich schneller fließen, dann wieder durch Zurücklassen kleiner Fragmente kleiner werden und sich verlangsamen usw. Er sucht das Gesetz — der andere den Sinn. An ein

allgemeines Gesetz mag der weniger denken. Er sieht den Einzelfall. Die Natur ist nur einmal vorhanden. Jede einzelne ihrer Handlungen muß ihren besonderen Sinn haben, der aus ihrer frei sich fügenden, man möchte sagen künstlerischen Gestaltung abzulesen ist wie bei einem der Tausende feingeformter Zeichen der chinesischen Begriffsschrift.
Dem naturwissenschaftlichen Denken liegt diese Auffassung fern. Es hat große und wichtige Disziplinen auf dem Grundsatz aufgebaut, daß Zufall eben Zufall ist. Wir haben in der *Darwin*schen Abstammungslehre und in der mechanischen Wärmetheorie das Zustandekommen höchst verwickelter Geschehnisse und die Erklärung nahezu unverbrüchlicher Gesetzmäßigkeiten darauf zurückgeführt, daß der Zufall „blind" ist. Ich komme bald auf diesen Punkt zurück.

15. Verzichte und Konventionen: Induktion, Kausalität, Anfangsbedingungen

Ich bin nicht geneigt, der taoistischen Denkform grundsätzlich mit der unseren Gleichberechtigung zuzugestehen. Es handelt sich hier wohl um mehr als bloße, auf Gewöhnung gegründete Parteilichkeit. Das Auflösen des Naturgeschehens in Kausalketten ist der anderen Auffassung methodisch überlegen, in etwa derselben Art wie unsere, d. h. die phönizische Buchstabenschrift, welche die Sprache in eine kleine Zahl einzelner Laute auflöst, der Begriffsschrift überlegen ist, welche das nicht tut, sondern unmittelbar den Sinn in verabredete Zeichen zu fassen sucht. Freilich wird dadurch wie unsere Schrift, so auch unser Weltbild nüchterner. Es liegt ein Verzicht vor, dessen empfindlichere Folgen erst im Zusammenhang des vierten Kapitels zutage treten werden. Hier wollen wir bloß kurz die Spuren dieses Verzichts schon im rein naturwissenschaftlichen Denkbild aufzeigen, wo sie gelegentlich zu lebhaften Diskussionen geführt haben. Wir führen sie in drei Stufen vor, vom Allgemeinen zum Speziellen fortschreitend.

a) Das Induktionsgesetz

Kausalität in ihrer vorsichtigsten, eigentlich allein zulässigen *Hume*schen Fassung ist nichts weiter als Erfahrungsinduktion. Die Erfahrungswissenschaft ist ganz und gar auf sie gegründet, die Induktion selber aber läßt sich auf nichts gründen, sie hängt in der Luft. Sehr kurz gesagt: wir finden einmal oder öfters auf ein A ein B folgen und erwarten, wenn A wiederkehrt, auch wieder B. Warum? Nun, wir haben bei vorsichtiger, nicht gedankenlos formaler Anwendung mit unserer Erwartung meistens recht. Das heißt aber nur: wir haben in sehr vielen verschiedenen Fällen (d. h. für verschiedene Ereignispaare) die *Permanenz der Verknüpfung* festgestellt — und erwarten sie darum wieder. Das ist psychologisch ganz wahr, logisch ist es ein Zirkel. Das allgemeine Induktionsgesetz ist ein Spezialfall seiner selbst. Unser einziger Wegweiser im Reich der Erfahrung, läßt es doch selber sich nicht auf Erfahrung gründen. Auf was also? (Siehe hiezu die Abschnitte 11 und 13.)

b) Das scharfe Kausalgesetz

Über diese Schwierigkeit sich hinwegsetzend, formuliert der Physiker die schärfere Hypothese, daß auf einen genau bestimmten physikalischen Anfangszustand eines Systems, sooft er sich wiederholt, stets genau derselbe Ereignisablauf, genau dieselbe Sukzession von Zuständen folgen wird. Vor die Frage gestellt, ob diese Annahme denn auch zutrifft, müssen wir aber gestehen, daß sie sich auch mit den feinsten Beobachtungsmitteln grundsätzlich nicht verifizieren läßt; denn die Natur ist uns bloß einmal gegeben und kehrt niemals in genau denselben Zustand zurück; es bedarf also schon eines ziemlich ausgearbeiteten physikalischen Weltbildes, an das man glaubt, um im Einzelfall zu entscheiden, welche veränderten Umstände (z. B. Stellung des Planeten Mars) vernünftigerweise außer Betracht bleiben können.

c) Die Anfangsbedingungen

Die schärfste Formulierung der Gesetze physikalischer Abläufe geschieht durch Differentialgleichungen, gewöhnliche, wenn es sich um ein System mit endlich viel Bestimmungsstücken, z. B. Massenpunkte, handelt, partielle im Fall von Kontinuen. In dieser klaren mathematischen Fassung vollzieht sich am reinlichsten die Scheidung zwischen dem, was von der theoretischen Aussage erfaßt wird, und dem, worüber etwas auszusagen man gänzlich verzichtet. Solche Gleichungen beschreiben nämlich ihrer Natur nach ganz genau den Ablauf, der auf einen gegebenen Anfangszustand des Systems folgt, diesen selbst aber lassen sie vollständig offen; welche Anfangszustände in der Natur verwirklicht sind, darüber wird nichts behauptet, im Prinzip gilt jeder beliebige als möglich. Im einzelnen Anwendungsfall muß man vorerst einmal „in der Natur" nachsehen, welcher vorliegt.

16. Die Hypothese der molekularen Unordnung

Es hat in der mechanischen Wärmetheorie zu heftigen und fast nicht enden wollenden Debatten geführt, daß zwar allerdings die erdrückende Mehrzahl aller möglichen Anfangszustände der in dieser Theorie betrachteten Modelle physikalischer Systeme den der Erfahrung *gemäßen* Erscheinungsablauf im Gefolge hat, daß jedoch auch solche Anfangszustände — wenn auch in verschwindender Minderheit — denkbar sind, welche ein der Erfahrung schnurstracks widersprechendes, ja zum Teil völlig gesetzloses Verhalten nach sich ziehen würden. Diese müssen durch eine besondere Zusatzannahme ausdrücklich ausgeschlossen werden. Sie ist nicht sehr unnatürlich. Es handelt sich nämlich um das Ausschließen unwahrscheinlicher Ausnahmefälle, etwa dem vergleichbar, wenn ich eine Telephonnummer nachschlage und nicht erwarte, 77777 oder 55555 zu finden — bloß ist das Beispiel *viel* zu schwach.

Die Zusatzannahme ging anfangs unter dem Namen „Stoßzahlansatz", später unter „molekulare Unordnung". Sie besteht — um dies nun etwas deutlicher zu sagen — darin, daß für ausgeschlossen gelten müssen gewisse höchst ausgeklügelte Korrelationen zwischen den in irgendeinem Zeitpunkt bestehenden Lagen und Geschwindigkeiten aller Atome und, wenn ein Feld im Spiel ist, auch zwischen den Werten der Feldkomponenten in den verschiedenen Punkten des betrachteten Gebietes. So ausgedrückt, erscheint die Sache höchst plausibel und belanglos und die gelegentliche Hitze der Diskussion schwer verständlich. Sie wird das aber, wenn man noch dies hinzufügt: Als unerbittliche Konsequenz der Theorie weist der in irgendeinem Augenblick verwirklichte Zustand des körperlichen Systems ein ganz ebenso ausgeklügeltes Schema von Korrelationen der Lagen, Geschwindigkeiten und Feldgrößen tatsächlich auf — ebenso ausgeklügelt wie die, die wir ausschließen mußten; und zwar ist das eine natürliche Folge des Umstandes, daß das System in den betreffenden Zustand durch naturgesetzlichen Ablauf aus früheren Zuständen gelangt ist. Kurz gesagt, unter den Zuständen, welche wir durch Zusatzannahme ausschließen müssen, befinden sich unter anderem auch die „zeitlichen Spiegelbilder" (Erklärung folgt) aller derer, welche die Theorie *a posteriori* zulassen darf — und sogar noch einige mehr. (Erklärung: unter dem zeitlichen Spiegelbild eines Zustandes ist der gemeint, bei dem einfach nur alle Geschwindigkeiten und alle magnetischen Feldstärken der Richtung nach genau umgedreht sind.)

Wir haben die Sache hier, um ihrer Wichtigkeit willen, auch für Nichtphysiker einigermaßen verständlich zu beschreiben gesucht. Sie wird von den meisten wohl mit Recht als nicht sehr störend empfunden. In diesem letzten, vom Standpunkt der reinen Logik unerklärten Rest der mechanischen Wärmetheorie erblicken wir eine unverkennbare Spur unserer bestimmten Weigerung, von nicht kausal bedingtem Zusammentreffen Rechenschaft zu geben.

IV. Die Lücken, die aus der Objektivierung entspringen

17. Einige Heraklit-Fragmente

Daß auch die Objektivierung oder „Hypothese der realen Außenwelt" ein *bewußter* Schritt der jonischen Naturphilosophie war, glaube ich jedenfalls für den „dunklen" Herakleitos von Ephesos aus einigen seiner spärlichen Fragmente herauszulesen, wobei ich freilich für die hier unternommene Deutung die Verantwortung auf mich nehmen muß. Ich gehe auf die Sache etwas näher ein, weil sie die vielfach bemerkte Tatsache belegt, daß die Meinung jener ältesten Phase griechischen Denkens fortgeschrittener, freier und im heutigen Sinn moderner war, als was sich bei ihren geistigen Nachfolgern in der späteren Atomistik daraus entwickelt hat. Vorab muß ich erinnern, daß jedenfalls zur Zeit des Heraklit die Auffassung der Traumbilder als Wirklichkeit gang und gäbe war. Personen, die im Traum erscheinen, Götter, Verstorbene oder Lebende, hielt man für wirklich anwesend, glaubte an eine wirliche Kommunikation mit ihnen. Ähnliche Ansichten finden sich aber auch noch viel später, u. zw. nicht etwa nur beim „Volk", sondern — zurückgehend auf die „optische Theorie" des Demokrit — bei den fanatischen Vorkämpfern der Aufgeklärtheit, Epikur[9]) und Lukrez[10]). Feine, aus Atomen gebildete Häutchen, die sich beständig von der Oberfläche der Körper ablösen und ins Auge gelangen, ihre Gestalt bewahrend, sollen nicht nur die unmittelbaren Gesichtswahrnehmungen, sondern — man beachte die merkwürdige Koordination — auch Spiegelbilder, Halluzinationen

---

[9]) S. *Cyril Bailey*, Epicurus (Oxford 1926), Abschn. 46a—53 des Briefes an Herodot. Auch p. 163 op. cit., Abschn. 32 der Vita Epicuri des Laertius Diogenes, der folgendes als Epikurs Meinung angibt: „Und die Visionen Irrsinniger und diejenigen des Traumes sind wahr, denn sie versetzen in Bewegung; und das, was nicht ist, kann nicht in Bewegung setzen."
[10]) De rerum natura IV, 26 ff.

und Traumbilder erzeugen. (Geruchs- und Gehörswahrnehmungen werden übrigens ähnlich erklärt, bloß wird da die Gestalt entweder nicht erhalten oder nicht aufgefaßt.) Und es kann kein Zweifel sein, daß dies wirklich ernst gemeint ist. Denn wenn es sich dann später (V. 1169) darum handelt, zu erklären, wieso denn der Glaube an die Götter der griechisch-römischen Mythologie so weit verbreitet ist, so sagt Lukrez uns kaltblütig, das sei doch ganz klar, diese Götter sind den Sterblichen eben von alters her und immer wieder sowohl im Wachen als insbesondere im Traum erschienen, wobei besagte *Sterbliche* auch reichlich Gelegenheit hatten, sich von der immerwährenden Jugend jener *Un*sterblichen zu überzeugen.

Doch nun zu jenen Fragmenten des Heraklits, deren Text ich nach *Diels*[11]) zitiere und auch der Hauptsache nach seiner Übersetzung folge.

D. fr. 2: διὸ δεῖ ἕπεσθαι τῷ κοινῷ. τοῦ λόγου δ'ἐόντος ξυνοῦ ζώουσιν οἱ πολλοὶ ὡς ἰδίαν ἔχοντες φρόνησιν

Darum soll man dem Gemeinsamen folgen. Aber obschon das Wort (D. *erklärt* Weltgesetz) allen gemein ist, leben die meisten doch so, als ob sie eine eigene Einsicht hätten.

D fr. 73: οὐ δεῖ ὥσπερ καθεύδοντας ποιεῖν καὶ λέγειν· (καὶ γὰρ καὶ τότε δοκοῦμεν ποιεῖν καὶ λέγειν)

Man soll nicht handeln und reden wie Schlafende; (denn auch im Schlaf glauben wir zu handeln und zu reden)

D. fr. 114: ξὺν νόῳ λέγοντας ἰσχυρίζεσθαι χρὴ τῷ ξυνῷ πάντων, ὅκωσπερ νόμῳ πόλις, καὶ πολὺ ἰσχυροτέρως. τρέφονται γὰρ πάντες οἱ ἀνθρώπειοι νόμοι ὑπὸ ἑνὸς τοῦ θείου· κρατεῖ γὰρ τοσοῦτον ὁκόσον ἐθέλει καὶ ἐξαρκεῖ πᾶσι καὶ περιγίνεται

Die mit Verstand reden, müssen sich auf das stützen, was allen gemeinsam ist, wie eine Stadt auf ihr Gesetz, und noch viel stärker. Nähren sich doch alle menschlichen Gesetze aus

---

[11]) *Hermnan Diels*, Die Fragmente der Vorsokratiker, 5. Aufl., Walther Kranz 1934.

dem einen göttlichen; denn es gebietet so weit es nur will und genügt allem und siegt ob allem. (Freier: denn seine Macht reicht so weit sie nur mag, umfaßt alles Bekannte, reicht darüber hinaus.)

D. fr. 89: (ὁ Ἡ. φησι) τοῖς ἐγρηγορόσι ἕνα καὶ κοινὸν κόσμον εἶναι, τῶν δὲ κοιμωμένων ἕκαστον εἰς ἴδιον ἀποστρέφεσθαι

Die Wachenden haben *eine*, u. zw. eine gemeinsame Welt, im Schlummer aber wendet sich ein jeder ab in seine eigene.

Der starke Nachdruck, der in fr. 2 und besonders in fr. 114 darauf liegt, daß man unbedingt an das allen Gemeinsame sich halten müsse, hat erstaunt. Man muß nämlich wissen, daß der Mann keinerlei sozialistische Allüren hatte, sondern durch und durch Aristokrat war; er schimpft gern auf die Menge, die alles dumm macht, er schimpft sogar (wie modern!) über die meisten anderen Philosophen, er sagt einmal ungefähr, ein einziger Mann von Geist gelte ihm mehr als 10000 Durchschnittsmenschen. — Was ist dann dieses Gemeinsame, das so großen Respekt verdient?
Die Aufklärung liegt m. E. in den Fragmenten 73 und 89. Es ist erkenntnistheoretisch gemeint. Heraklit ist sich bewußt, daß an sich zwischen den Sinneswahrnehmungen im Traum und im Wachen kein Unterschied ist. Das Kriterium der Wirklichkeit ist einzig die Gemeinsamkeit. Auf Grund desselben konstruieren wir uns die reale Außenwelt. Alle Bewußtseinssphären überlappen teilweise — nicht im ganz eigentlichen Sinn, das ist unmöglich, aber auf Grund von körperlichen Reaktionen und Mitteilungen, die wir wechselseitig verstehen gelernt haben. Die Überschneidung der Bewußtseine bildet die allen gemeinsame Welt. In ihr herrscht ein Gesetz, der λόγος von fr. 2, der εἷς θεῖος νόμος von fr. 114, der *allen* gemeinsam ist, von dem alle menschlichen Gesetze Abkömmlinge sind, sofern sie das Zusammenleben einer Menschengruppe unter Rücksicht auf das gegebene unabänderliche Naturgesetz regeln. Wer das letztere nicht anerkennt, ist kein ξὺν νόῳ λέγων, sondern ein Ver-

rückter; oder er handelt und redet wie ein Schlafender; denn im Schlafe, ja, da wendet ein jeder sich fort von der gemeinsamen Welt der Wachenden in seine private Traumwelt.

18. Das Ausschalten der Persönlichkeit

Daß wir beim Objektivieren der Welt unvermerkt das erkennende Subjekt aus ihr herausnehmen, und weshalb wir geneigt sind, diesen Umstand zu übersehen, ist schon in der Einleitung (Kap. I, 4b) kurz ausgeführt worden. Der naturwissenschaftliche Denker ist vielleicht bereit zuzugeben, daß er sein eigenes wahrnehmendes und denkendes Selbst aus der Welt herausrückt und sich zunächst in die Stellung eines äußeren Betrachters begibt. Aber dann bleiben darin als Repräsentanten des Erkennenden Subjekts immer noch *alle anderen*. Da er nun aber doch bloß einer von ihnen und das Ganze in bezug auf alle offenbar symmetrisch ist, so läßt er sich selber auch wieder hineinschlüpfen. Richtiger sollte er sich wohl sagen, daß sie alle so außerhalb bleiben wie er selber; vielleicht nicht wirklich, aber auf Grund der vorgenommenen Vereinfachung, welche die Konstruktion einer verhältnismäßig verständlichen objektiven Welt allererst möglich macht. Es ist eine Konvention, ähnlich der, durch welche die Bürger einer Stadt vereinbaren, sich einem gemeinsamen Gesetz zu fügen; nur mit dem Unterschied, daß die Bürger sich nicht bloß aussuchen können, *ob* sie das wollen, sondern auch, welchem Gesetz, im Rahmen des für alle verbindlichen Naturgesetzes. Denn die allgemeine Konvention, Anerkennung der realen Außenwelt, muß natürlich vorhergegangen sein. Und dabei steht nur das Ob zur Wahl, der Gesetzesinhalt ist auferlegt. Darum nennt Heraklit ihn einen *θεῖος νόμος*. Freilich wird verlangt, daß alle sich dieser Vereinbarung fügen *sollen*, daß sie gut daran tun — *δεῖ* oder *χρή*, ein unentrinnbares Muß wäre *ἀνάγκη*; aber es ist die Vorbedingung für das Zusammenleben der Menschen, und wer sie ablehnt, ist eben ein Narr.

Man fühlt sich versucht, das theoretische Ausschalten der Persönlichkeit beim Objektivieren der Welt in Analogie zu setzen mit dem praktischen Zurückstellen des Privatinteresses zugunsten des Bürgersinns, der sich dem Stadtgesetz unterordnet. Aber das ist nur eine Redefigur, kein Argument. Ich möchte übrigens nicht mißverstanden werden. Ich vertrete hier nicht, daß in der Naturbetrachtung die eigene Persönlichkeit ausgeschaltet werden *soll*, sondern daß sie es tatsächlich *wird* in unserem Denken, und daß dies auf die Griechen zurückgeht. Zufällig finde ich gerade während der Niederschrift dieser Zeilen meine Meinung bekräftigt in einem Aufsatz von *C. G. Jung*[12]), und zwar in ganz anderem Zusammenhang und mit ganz anderer, beinahe tadelnder Haltung. In einer Schrift über den „Geist der Psychologie" sagt er: „Alle Wissenschaft jedoch ist Funktion der Seele und alle Erkenntnis wurzelt in ihr. Sie ist das größte aller kosmischen Wunder und die conditio sine qua non der Welt als Objekt. Es ist im höchsten Grade merkwürdig, daß die abendländische Menschheit, bis auf wenige, verschwindende Ausnahmen, diese Tatsache anscheinend so wenig würdigt. Vor lauter äußeren Erkenntnisobjekten trat das Subjekt aller Erkenntnis zeitweise bis zur anscheinenden Nichtexistenz in den Hintergrund."

19. Eine Antinomie des Demokritos von Abdera

Wir gehen jetzt zum wesentlichsten Teil dieser ganzen Untersuchung über, nämlich dazu, die Antinomien aufzuzeigen, die u. E. aus dem Ausschaltungsprozeß entspringen. Es sind altbekannte Antinomien, welche, sooft man daran erinnert wird, aufs neue Verlegenheit, Befremden, Unbehagen erzeugen. Auf sie scheint durch unsere These Licht zu fallen, welche ihrerseits durch deren unliebsames Auftreten gestützt wird.

---

[12]) Eranos-Jahrbuch 1946 (Bd. 14), p. 398; Rheinverlag, Zürich 1947

64 | Besonderheit des Weltbilds der Naturwissenschaft

Es ist in erster Linie dieses. Weder die unmittelbaren Sinnesqualitäten, wie Rot, Blau, bitter, süß, Klang ..., noch das Bewußtsein selber, dem sie angehören, treten als solche in dem objektiven Bild der Natur auf; sie haben darin ganz andersartige formale Repräsentanten, nämlich elektromagnetische Schwingungen, Frequenzzahlen, chemische Umsetzungen ... und die physiologische Funktion des Zentralnervensystems. Die materiellen Repräsentanten haben mit der jeweils zugeordneten Bewußtseinsqualität so wenig zu tun wie der Klang eines Wortes in irgendeiner Sprache mit dem dadurch bezeichneten Objekt oder Begriff. Zur richtigen Zuordnung braucht man ein förmliches Fachlexikon. Nun gut; aber andererseits ist doch das ganze Bild ausschließlich aus Sinneswahrnehmungen und Gedanken, die sich im Bewußtsein (wo denn sonst?) abspielen, aufgebaut. Wo sind die eigentlich in Verlust geraten? — Der merkwürdige Sachverhalt hat schon dem Demokrit zu denken gegeben (*Diels* fr. 125). Galen gibt uns folgenden kurzen Bericht: Demokrit hat sein Mißtrauen gegen das direkte Zeugnis der Sinne so ausgesprochen:

νόμῳ χροιή, νόμῳ γλυκύ, νόμῳ πικρόν, ἐτεῇ δ'ἄτομα καὶ κενόν.

Scheinbar (*Diels* erklärt: konventionell) ist Farbe, scheinbar Süße, scheinbar Bitterkeit, in Wahrheit nur Atome und leerer Raum;

darauf läßt er die Sinne, wie in dialektischer Wechselrede, gegen den Verstand reden:

τάλαινα φρήν, παρ' ἡμέων λαβοῦσα τὰς πίστεις ἡμέας καταβάλλεις; πτῶμά τοι τὸ κατάβλημα

Armer Verstand, von uns nimmst du deine Beweisstücke und willst uns damit besiegen? Dein Sieg ist dein Fall.

Diese Worte konnte nur schreiben, wer — wenn er auch als Naturforscher Atomist war und blieb — als Philosoph der erkenntnistheoretischen Grenzen, der Einseitigkeit und Unvollständigkeit seines materialistischen Weltbilds sich

Eine Antinomie des Demokritos von Abdera | 65

wohl bewußt war. Die Stelle wurde erst 1901 von *H. Schöne* aufgefunden. Sie veranlaßt uns, wohl auch einige andere, schon länger bekannte, ausgesprochen agnostisch zu verstehen, auch wenn dies vordem Zweifeln begegnen mochte. Ich setze die Fragmente 6 bis 9 und 117 nur in Übertragung hierher:

fr. 6: zu erkennen hat der Mensch aus dieser Grundüberlegung, daß er von der Wahrheit abgeschnitten ist;

fr. 7: und so macht denn auch diese Überlegung es offenbar, daß wir in Wirklichkeit über nichts auch nur das geringste wissen, sondern ein Strom auf der Oberfläche (oder nach Diels: ein Zustrom von Wahrnehmungsbildern) ist einem jeglichen sein Meinen;

fr. 8: und doch ist es offenbar, daß zu erfahren, wie ein jedes Ding wirklich beschaffen ist, es keinen Weg gibt;

fr. 9: wir nehmen nun aber in Wahrheit nichts untrüglich wahr, sondern als ein wechselndes, je nach dem Zustand unseres Leibes und dessen, was gegen ihn anläuft und was ihm Widerstand entgegensetzt;

fr. 117: in Wirklichkeit aber wissen wir nichts; denn in der Tiefe ruht die Wahrheit.

Es wird mir schwer zu verstehen, daß *Gomperz* (Griechische Denker, 3. Aufl., Bd. I, pp. 288 und 454) diesen Zeugnissen gegenüber aufrechterhält, Demokrit sei frei gewesen von jeder skeptischen Anwandlung. Zu jenem Wechselgespräch zwischen Verstand und Sinnen (fr. 125) bemerkt er: „Gern wüßte man, was Demokrit den Geist antworten ließ." Ist dem Galen zuzutrauen, daß er uns die Antwort vorenthalten, daß er jenes interessante Gespräch in der Mitte abgebrochen hätte? Das käme fast einer Fälschung gleich, dergleichen freilich leider — durch Halbzitieren — ganz üblich sind. *Gomperz* gibt sich selbst die Antwort: „Doch schwerlich etwas anderes, als daß das Mißtrauen gegen die Sinne dort am Platze ist, wo ihre Aussagen sich widersprechen (d. h. in betreff der sekundären Eigenschaften), daß hingegen ihr übereinstimmendes Zeugnis, so in betreff des Körperlichen und seiner primären oder Grundeigenschaften, unangefochten bleibt und die Grundlage der Erkenntnis ausmacht." Ist diese versuchte Ergänzung nicht vielleicht vorgenommen im Geiste — Epikurs? Den Sinnen traun, wenn kein anderes Sinneszeugnis entgegensteht! So zum Beispiel: Sonne, Mond und Sterne sind, da dem nichts widerspricht, ungefähr so groß, wie sie uns erscheinen. (*Cyril Bailey* op. cit., Brief an Pythokles, Abschn. 91; was mit dieser sonderbaren Gleichsetzung von linearen und Winkelgrößen, welche Lukrez V. 564 ff. gewissenhaft wiederholt, eigentlich gemeint ist, steht übrigens dahin.) — Jedenfalls aber möchte ich zu der *Gomperz*schen Konjektur noch dies anmerken — und das war mein Hauptgrund, sie zu zitieren —: die traditionelle Unterscheidung primärer und sekundärer Eigenschaften der Materie gehört heute zum alten Eisen. Körperliche Ausdehnung und Bewegung und etwa die sogenannte Undurchdringlichkeit sind nicht primärer als Farbe, Geschmack und Klang. Wenn irgend etwas den Namen primär verdient, so die Sinnesqualitäten. Das geometrische Bild der Materie in Raum und Zeit ist eine gedankliche Konstruktion, vermutlich sogar eine sehr revisionsbedürftige. Wollte man die Epitheta weiterverwenden, müßte man sie genau auswechseln.

Weit ausführlicher, aber im Gedanken mit dem Demokritfragment fr. 125 übereinstimmend, beschreibt uns *A. S. Eddington* in der Einleitung zu seinen Gifford Lectures (The Nature of the physical world, Cambridge University Press 1928) seine „zwei Schreibtische", den einen, aus dem Alltagsleben vertrauten substantiellen, an dem er sitzt, den er vor sich sieht und auf den er die Arme stützt, und den naturwissenschaftlichen, dem nicht nur alle Sinnesqualitäten abgehen, sondern der außerdem äußerst löcherig ist; besteht er doch zum weit überwiegenden Teil aus leerem Raum, in welchem bloß vergleichsweise (d. h. im Vergleich zu ihren Abständen voneinander) winzig kleine Kerne und Elektronen in unermeßlicher Zahl umeinander und durcheinander

wirbeln usw. An die eindrucksvolle Gegenüberstellung des lieben alten Hausmöbels und des physikalischen Modells, das für wissenschaftliche Beschreibung an seine Stelle treten müßte, knüpft er die folgende Bemerkung:
"In the world of physics we watch a shadowgraph performance of the drama of familiar life. The shadow of my elbow rests on the shadow table as the shadow ink flows over the shadow paper ... The frank realisation that physical science is concerned with a world of shadows is one of the most significant of recent advances."
(Die Welt des Physikers stellt sich dem Beschauer dar als Schattenspielaufführung des Bühnenstücks Alltagsleben. Der Schatten meines Ellbogens ruht auf dem Schattentisch, während die Schattentinte über das Schattenpapier fließt ... Das freimütige Gewahrwerden, daß die physikalischen Wissenschaften es mit einer Welt von Schatten zu tun haben, gehört zu den bedeutsamsten Fortschritten der jüngsten Zeit.)
Ich halte diese Stelle gern gegen eine aus den wundervollen Gifford Lectures von *Charles Sherrington*[13]), einem Buch, das in der Geschichte der Philosophie einen Markstein bilden wird und aus welchem man klareren und zugleich vorsichtigeren Aufschluß erhält als je zuvor darüber, was sich über die Beziehung zwischen Geist und Leib heute wissen läßt und was für Gedanken man sich vernünftigerweise dazu machen kann. An der Stelle, die ich jetzt meine (p. 357), heißt es:
"Mind, for anything perception can compass, goes therefore in our spatial world more ghostly than a ghost. Invisible, intangible, it is a thing not even of outline; it is not a 'thing.' It remains without sensual confirmation, and remains without it for ever."
(Nach allem, was sich wahrnehmungsmäßig darüber ausmachen läßt, geht demnach das Bewußtsein in dieser unserer

---

[13]) *Ch. Sherrington*, Man on his Nature, Cambridge University Press 1940.

räumlichen Welt einher gespenstischer als ein Gespenst. Unsichtbar, ungreifbar, ist es ein Ding ohne jeglichen Umriß; es ist überhaupt kein „Ding". Es bleibt unbestätigt durch die Sinne, und bleibt das für immer.)
Eines der beiden scheint also unabänderlich zum Gespensterdasein verurteilt zu sein, entweder die objektive Außenwelt des Naturforschers oder das Bewußtseins-Selbst, welches denkend jene aufbaut, wobei es sich aus ihr zurückzieht.

20. Das Paradoxon der Willensfreiheit

Sherringtons Bemerkung bezieht sich im besonderen darauf, daß wir nirgends im physiologischen Ablauf auf die Stelle stoßen, wo das Bewußtsein, der Geist, das Denken oder der Wille den aus der inneren Erfahrung so wohlvertrauten direkten Einfluß auf die Lenkung des Geschehens ausübte. Es geht *Sherrington* in jenen Vorlesungen wieder und wieder um diese selbe Sache, in vielen Seiten fesselnder, feinsinniger, vorsichtiger Diskussion. Durch Herauspflücken einzelner Sätze läßt sich kein Begriff davon geben, ich will aber doch noch zwei Stellen anführen, die fast nur von ungefähr gewählt sind:

p. 222: "physical science ... faces us with the impasse that mind *per se* cannot play the piano — mind *per se* cannot move a finger of a hand."
(Die Naturwissenschaft führt uns in die Sackgasse: das Bewußtsein kann von sich aus nicht Klavier spielen — das Bewußtsein kann von sich aus nicht den Finger einer Hand bewegen.)
p. 232: "Then the impasse meets us. The blank of the 'how' of minds leverage on matter. The inconsequence staggers us. Is it a misunderstanding? Another is not unconnected with it."[14]
(Dann geraten wir auf den toten Punkt. Völlige Leere in

---
[14] Die Anführung wird weiter unten am gehörigen Platz fortgesetzt werden.

betreff des „Wie" der Hebelkraft des Bewußtseins auf die Materie. Die Ungereimtheit verblüfft uns. Ist's ein Mißverständnis? Ein anderes ist nicht ohne Zusammenhang damit.)
Das Paradoxon ist so empfindlich, daß es immer wieder dem heftigen Widerstand solcher begegnet, die es zu lösen hoffen, indem sie es ableugnen. Darum haben wir uns gern auf den zeitgenössischen Altmeister der Physiologie berufen, trotzdem uns scheint, daß es sich nicht um eine Angelegenheit der Erfahrung handelt, sondern um etwas, das auf der konventionellen Struktur unseres Weltbilds beruht. In der Tat hat z. B. *Spinoza*, dem von der physiologischen Einsicht *Sherringtons* nur ein verschwindender Bruchteil zur Verfügung war, die These mit einer Schärfe und Bestimmtheit ausgesprochen, welche — die Richtigkeit zugegeben — es ausschließen, von einem „ahnungsvollen Erraten" zu sprechen:
„Nec corpus mentem ad cogitandum nec mens corpus ad motum neque ad quietem nec ad aliquid (si quid est) aliud determinare potest." (Ethik P. III, Prop. 2.)
(Ebensowenig vermag der Körper den Geist zum Denken zu veranlassen wie umgekehrt den Geist der Körper zur Ruhe oder Bewegung oder zu sonst was, wenn es es geben sollte.)
Wir führen die Sache auf die Besonderheit des naturwissenschaftlichen Weltbilds zurück. Weil es von Haus aus den stillschweigenden Verzicht einschließt, daß es die eigene Person des Denkers nicht mit enthalte, und ganz wesentlich auf diesem Verzicht aufgebaut ist, gerät es in Verwirrung, wenn man jene zu restituieren versucht. Die *Verständlichkeit* des Bildes erlaubt kein Abgehen von der Notwendigkeit, mit der im raumzeitlichen Ablauf jedes folgende Stadium durch das vorhergehende bestimmt ist. Mithin ist kein Platz für ein physisches Eingreifen des Bewußtseins in die Lenkung der Ereignisse, und so stoßen wir auf die in dieser Form unlösbare Antinomie von Determinismus und Willensfreiheit.

Vielleicht hat schon Demokrit das gefühlt; aber jedenfalls ist er fest geblieben in der Überzeugung, daß es hier kein *corriger la fortune* gibt. Anders die spätere Atomistik, wie wir schon oben im Abschn. 6 näher ausgeführt. Der Rettungsversuch ist neuerdings von einigen Quantenphysikern in moderner Einkleidung wiederholt worden. Vom physikalischen Standpunkt aus ist er deshalb abzulehnen, weil, angenommen auch, daß die Grundgesetze bloß statistisch sind, selbe durch Willkürakte von Gespenstern ganz ebenso über den Haufen gerannt würden wie scharf kausale.

Vielleicht kommt von mancher Seite der oft gehörte Einwand: Wenn du alles ablehnst, was den unerbittlichen Determinismus objektiv milderte, was willst du dem Rechtsbrecher erwidern, der sich ausreden will, er sei bloß ein Automat und für sein Tun nicht verantwortlich? — Darauf kann man zunächst sagen, bei der Regelung des bürgerlichen Lebens können wir uns den Luxus, die Persönlichkeit auszuschalten, nicht leisten, viel eher einen Verstoß gegen die Folgerichtigkeit der Naturwissenschaft. Wer aber an dieser doch festhalten und daraus ableiten will, daß ihm unrecht geschieht, der überlege, daß dann ja der Gesetzgeber, der Richter, der Polizeisoldat und der Gefangenenaufseher ebenfalls nach unabänderlicher Notwendigkeit handeln und darum ebensowenig recht oder unrecht tun wie eine Lawine oder ein Erdbeben.

21. Die Maske des roten Todes

Es liegt also der folgende merkwürdige Sachverhalt vor. Während alles Material zum Weltbild von den Sinnen qua Organen des Geistes geliefert wird, während das Weltbild selber für einen jeden ein Gebilde seines Geistes ist und bleibt und außer dem überhaupt keine nachweisbare Existenz hat, bleibt doch der Geist selbst in dem Bild ein Fremdling, er hat darin nicht Platz, er ist nirgends darin anzutreffen. Wir machen uns das gewöhnlich nicht klar. Wir sind so sehr gewohnt, die Persönlichkeit eines Menschen —

übrigens ganz ebenso die eines Tiers — eben doch in das Innere seines Leibes hineinzudenken, daß es uns erstaunt zu erfahren und wir es nur zweifelnd und zögernd glauben, daß sie sich dort in Wirklichkeit nicht vorfindet. Wir versetzen sie in den Kopf, ein gut Stück hinter die Mitte der Augen. Von dort sieht sie uns, je nachdem, mit verstehenden, liebenden, seelenvollen, mißtrauischen, zornigen Blicken an. Ist es eigentlich je aufgefallen, daß das Auge das einzige unter den Sinnesorganen ist, dessen rezeptiven Charakter der naive Mensch verkennt und, das Verhältnis umkehrend, viel mehr geneigt ist, sich vom Auge Sehstrahlen ausgehend zu denken als Lichtstrahlen von den Gegenständen auf es fallend. Man trifft diesen „Sehstrahl" nicht selten in Witzblattzeichnungen an, ja selbst in älteren populär-physikalischen Skizzen, als eine punktierte Gerade, die vom Auge auf das Objekt zielt, was durch eine auf letzteres weisende Pfeilspitze am entfernten Ende angezeigt wird. Und denke, lieber Leser, oder noch besser, liebe Leserin, an die „leuchtenden Augen", mit denen dein Kind dich „anstrahlt", dem du ein neues Spielzeug gebracht hast; und dann laß den Physiker dir sagen, daß in Wirklichkeit von diesen Augen *nichts* ausgeht — sie ihrerseits werden beständig von Lichtquanten getroffen —, das ist ihre Funktionsweise. In Wirklichkeit. Sonderbare Wirklichkeit. In ihr scheint doch was zu fehlen.

Es wird uns ganz schwer, uns klarzumachen, daß die Lokalisierung der Persönlichkeit im Leib nur symbolisch, bloß für den praktischen Gebrauch bestimmt ist. Wenn wir mit den Kenntnissen, die wir davon haben, dem seelenvollen Blick ins Innere nachgehen, stoßen wir allerdings auf ein überaus interessantes, unerhört verwickeltes Getriebe: Milliarden von Zellen sehr spezialisierten Baues in unübersehbar komplizierter, jedoch augenscheinlich auf weitgehende gegenseitige Kommunikation abzielender Anordnung; hämmernde elektrische Stromstöße, die unablässig, aber in fortwährend rasch wechselnder Verteilung pulsieren, von Nervenzelle zu Nervenzelle fortgeleitet, wobei in jedem Nu viele Zehntausende von Kontakten gebildet oder wieder blockiert werden; chemische Umsetzungen, die damit Hand in Hand gehen; all dies und anderes treffen wir an und entdecken schließlich vielleicht mehrere Strombündel, die durch lange Zellfortsätze, motorische Nervenfasern, zu gewissen Armmuskeln fließen, welche uns daraufhin zögernd und zitternd die Hand zum langen Abschied reichen, während andere Strombündel eine Drüsensekretion anregen und Tränen das traurige Auge umfloren. Nirgends aber auf diesem ganzen Weg treffen wir die Persönlichkeit an, stoßen nirgends auf das Herzweh und die bange Sorge, die diese Seele bewegen und wovon die Wirklichkeit uns doch so gewiß ist, wie wenn wir es selber erlitten — und das tun wir ja auch. Es ist wirklich so, daß die physiologische Analyse uns von jedem Menschen, auch von unserem vertrautesten Freund, recht eigentlich dasselbe Bild enthüllt, wie in *E. A. Poes* Meisternovelle die *Maske des roten Todes* dem Verwegenen zeigt, der ihr dreist Tuch und Larve vom Scheitel reißt und darunter — *nichts* findet. Denn sind Nervenzellen und elektrische Ströme etwa mehr, wo es uns um Gefühlswerte und das Erleben der Seele geht? — Im ersten Augenblick mag uns dies Gewahrwerden erschüttern. Wir überwinden den Schrecken aber leicht, wenn wir bedenken, daß die Überlegung ja genau so auf uns selber zutrifft, und doch *sind* wir; weil wir doch denken, wie *Descartes* es ausdrückt. Es gibt wohl sogar Augenblicke, wo es tröstlich sein mag, sich zu denken, daß ein jetzt entseelter Leib nie wirklich, sondern bloß symbolisch der Sitz der Seele war, die wir jetzt vermissen.

Man kann freilich in fünf Worten den Grund dafür angeben, weshalb unser wahrnehmendes und denkendes Ich nirgendwo *im* Weltbild anzutreffen ist: weil es nämlich selber dieses Weltbild *ist*. Es ist identisch mit dem Ganzen und kann darum nicht als ein Teil darin enthalten sein. Aber allerdings: solcher Bewußtseins-Iche scheinen viele zu sein, die Welt hingegen ist bloß einmal da. Dieses arithmetische Dilemma geht auf die Entstehungsgeschichte der letzteren zurück, auf die Entstehung des Weltbegriffs, meine ich.

Die Inhalte der partikulären Bewußtseinsbereiche überdecken sich teilweise. Das gemeinsame Gebiet, das κοινόν oder ξυνόν des Heraklit, bildet die Welt der Vollsinnigen, woran sie festhalten müssen wie die Bürger einer Stadt an ihrem schützenden Gesetz, um nicht für verrückt zu gelten oder es zu werden. Wer seine Halluzinationen oder Traumgesichte mit der Wirklichkeit verwechselt, den nennen wir irre.

22. Lösungsversuche: Monadologie, Identitätslehre

Aus dem Zahlendilemma gibt es zwei Auswege, die im Rahmen des griechisch-naturwissenschaftlichen Denkens in der Tat beide wahnsinnig anmuten. Der eine ist die Vervielfältigung der Welt in der schrecklichen *Leibniz*schen Monadenlehre: jede Monas eine Welt für sich, ohne Fenster; daß sie übereinstimmen, ist prästabilierte Harmonie. Es gibt, glaube ich, nur wenige, deren Denken so geartet ist, daß ihnen diese Lösung zusagt, ja daß sie darin auch nur überhaupt eine Milderung der Antinomie erblicken.

Der entgegengesetzte Ausweg ist die Vereinheitlichung des Bewußtseins. Die Vielheit ist nur Schein. Das ist die Lehre der Upanisehaden. Und nicht der Upanisehaden allein. Das mystische Erlebnis der Vereinigung mit Gott führt regelmäßig zu dieser Auffassung, wo nicht starke Vorurteile entgegenstehen. Und das heißt: leichter im Osten als im Westen. — „Beim Tod jedes Lebewesens kehrt der Geist in die Geisterwelt und der Körper in die Körperwelt zurück. Dabei verändern sich aber immer nur die Körper. Die Geisterwelt ist ein einziger Geist, der wie ein Licht hinter der Körperwelt steht und durch jedes entstehende Einzelwesen wie durch ein Fenster hindurchscheint. Je nach der Art und Größe des Fensters dringt mehr oder weniger Licht in die Welt. Das Licht aber bleibt unverändert."[15]

---

[15] Die Worte gehören dem persisch-islamischen Mystiker Azīz Nasafī des 13. Jahrh. n. Chr. Siehe *Fritz Meyer*, Eranos-Jahrbuch 1946, p. 190f. (Rheinverlag, Zürich 1947).

Diese Weltansicht ist noch mehr als andere dadurch ausgezeichnet, daß sich nicht in nüchterner, gleichnisfreier Rede, sondern bloß in bildhaften Ausdrücken von ihr sprechen läßt. Wer darin einen Mangel sieht, tut darum besser, seine Zeit nicht damit zu verlieren. In englischer Sprache ist kürzlich eine sehr ausführliche Darlegung erschienen, gestützt auf eine ungeheuer reiche und unschätzbar wertvolle Blütenlese aus den Aufzeichnungen der sogenannten Mystiker aller Zeiten und Länder[16]). Im allgemeinen aber befriedigt dieser Ausweg das westliche Denken ebensowenig wie der *Leibniz*sche. Er paßt nicht dazu. Er ist ja auch seinem Ursprung nach ganz ungriechisch. Vor der Monadologie hat die Identitätslehre immerhin eines voraus. Sie kann sich darauf berufen, daß empirisch das Bewußtsein immer nur im Singular gegeben ist. Wir wollen bei diesem Punkt noch ein wenig verweilen, wenn es auch im Rahmen dieser Studie eine Abschweifung bildet. Es ist das aber genau die Stelle, wo m. E. das griechisch-naturwissenschaftliche Denken wirklich einer Korrektur, einer „Blutmischung mit dem Osten", bedarf[17]).

23. *Die Einheit des Bewußtseins*

Das Bewußtsein, sage ich, ist eine Angelegenheit, wovon wir uns den Plural schlechterdings nicht vorstellen können. Sogar in den pathologischen Fällen von Spaltung der Persönlichkeit wechseln die beiden Personen ab, sie beherrschen nicht gleichzeitig das Feld[18]). Und wenn wir im Puppenspiel

---

[16]) *Aldous Huxley*, The Perennial Philosophy, Chatto & Windus, London 1946.
[17]) Hingewiesen habe ich darauf im Nachwort meines Büchleins „What is Life?", Cambridge, University Press 1944.
[18]) In seiner oben zitierten Abhandlung (Der Geist der Psychologie, op. cit. p. 392) berichtet allerdings *C. G. Jung* (nach *Janet*, Automatisme Psychologique, 1913, p. 243, 238 ff.) über einen Fall von Persönlichkeitsspaltung folgendes: „*Janet* hat aber nachgewiesen, daß während das eine Bewußtsein sozusagen

des Traums die Fäden der Handlung und der Rede einer ganzen Anzahl von Darstellern in Händen haben, so wissen wir doch nicht darum. Nur einer davon sind wir selber. In ihm handeln und sprechen wir unmittelbar, während wir oft ängstlich und gespannt erwarten, was ein anderer erwidern, ob er unsere Bitte erfüllen wird. Daß wir ihn eigentlich tun und sagen lassen könnten, was wir wollen, entgeht uns — oder vielmehr es ist wohl gar nicht wahr. Denn jener „andere" ist in solchen Fällen wohl meist die Verkörperung einer Schwierigkeit, die uns im wachen Leben entgegensteht und über die wir tatsächlich keine Macht haben.

Ich kann mir durchaus nicht denken, wie etwa mein einheitliches Bewußtsein durch Integration der Bewußtseine der Zellen — oder einiger der Zellen —, die mein Leib sind, entweder entstanden sein oder in jedem Augenblick gleichsam die Resultante bilden soll, wenn es nicht von Haus aus und seiner Natur nach eines ist. So ein Zellstaat, wie jeder von uns ist, wäre doch, sollte man meinen, die Gelegenheit *par excellence* für das Bewußtsein, Vielheit zu manifestieren, wenn es derselben überhaupt fähig wäre. Denn der Ausdruck Zell*staat* wird heute längst nicht mehr als Redefigur verstanden. Der Physiologe sagt uns[19]: "To declare that, of the component cells which go to make us up, each one is an individual self-centred life, is no mere phrase. It is not a mere convenience for descriptive purposes. The cell as a

---

den Kopf beherrschte, das andere Bewußtsein sich gleichzeitig mittels eines durch Fingerbewegungen ausgedrückten Code mit dem Beobachter in Verbindung setzte. Das Doppelbewußtsein kann also sehr wohl gleichzeitig sein."
Es scheint mir nicht, daß dies dem, was ich meine, entgegensteht. So interessant der Fall ist, zeigt er doch nur, daß der Beobachter von zwei Bewußtseinssphären, die weitgehend getrennt sind, die Äußerungen gleichzeitig feststellen konnte. Das stellt jeder fest, der mit zwei Personen gleichzeitig im Gespräch ist. Doppelbewußtsein als Erfahrung des Subjekts der Erkenntnis braucht nicht vorzuliegen. Es ist m. E. unmöglich, fast ein Widerspruch im Beiwort.
[19] *Ch. Sherrington*, op. cit. p. 73.

component of the body is not only a visibly demarcated unit but a unit-life centred on itself. It leads its own life. . . . The cell is a unit-life, and our life which in its turn is a unitary life consists utterly of the cell-lives." (Wenn man erklärt, daß von den Zellen, die im Aufbau unseres Leibes vereinigt sind, jede einzelne ein auf sich selbst eingestelltes individuelles Leben ist, so ist das keine bloße Redensart. Es ist keine bloße zum Zweck der Beschreibung bequeme Ausdrucksweise. Die Zelle als Bestandteil des Körpers ist nicht lediglich eine sichtbarlich abgegrenzte Einheit, vielmehr eine auf sich selbst als Mittelpunkt abstellende Lebenseinheit. Sie führt ihr Eigenleben. . . . Die Zelle ist eine Lebenseinheit, und unser Leben, welches seinerseits ebenfalls ein einheitliches ist, besteht ganz und gar aus jenen Zell-Leben.) Man kann diesen Gedanken noch viel konkreter fassen. Sowohl die Gehirnpathologie als sinnesphysiologische Untersuchungen sprechen ganz eindeutig für eine regionale Trennung des Sensoriums in Bezirke, deren weitgehende Unabhängigkeit uns erstaunt, weil man darnach naiverweise erwarten würde, daß ihnen selbständige Bewußtseinssphären entsprechen sollten. — Wenn wir eine Landschaft zuerst in der gewöhnlichen Art mit beiden Augen betrachten, sodann einmal das rechte, ein andermal das linke Auge schließen, so macht das so gut wie keinen Unterschied. Der psychische Sehraum ist in allen drei Fällen identisch der nämliche. Das könnte sehr wohl darauf beruhen, daß die Reizleitungen von korrespondierenden Netzhautstellen zu demselben zentralen physiologischen Mechanismus führen, der „die Wahrnehmung besorgt". Aus Versuchen über binokulare Flickerfrequenzen ergibt sich aber unzweideutig, daß dies nicht so ist. Diese Versuche führen zu einem Urteil, das wir hier auszugsweise wiedergeben[20]: "It is not spatial conjunction of cerebral mechanism which combines them (sc. the two reports). . . . It is much as though the right- and left-eye images were seen each by one of two observers and

---

[20] *Ch. Sherrington*, op. cit. p. 273—275.

the minds of the two observers were combined to a single mind. It is as though the right-eye and left-eye perceptions are elaborated singly and then psychically combined to one. ... It is as if each eye had a separate sensorium of considerable dignity proper to itself, in which mental processes based on that eye were developed up to even full perceptual levels. Such would amount physiologically to a visual sub-brain. There would be two such sub-brains, one for the right eye and one for the left. Contemporaneity of action rather than structural union seems to provide their mental collaboration." (Nicht räumliche Vereinigung im Mechanismus des Gehirns ist es, was sie [sc. die beiden Nachrichten] verschmilzt. Es macht ganz den Eindruck, als würde das vom rechten und das vom linken Auge kommende Bild von je einem Beobachter erblickt und als würden die Bewußtseine der beiden Beobachter zu einem einzigen Bewußtsein verschmelzen. Es ist, als würden die Wahrnehmungen des rechten und des linken Auges einzeln verarbeitet und erst geistig zu einer einzigen verschmolzen. ... Es ist, als wäre jedem Auge ein besonderes Sensorium von erheblichem Rang zu eigen, in welchem die auf das betreffende Auge sich stützenden geistigen Vorgänge bis an die Schwelle ganz voller Wahrnehmung ausgearbeitet werden. Solch ein Apparat würde einem visuellen Partialgehirn gleichkommen. Deren würde es zwei geben, eines für das rechte und eines für das linke Auge. Für ihr Zusammenarbeiten im Bewußtsein erscheint nicht durch strukturelle Verbindung, sondern dadurch vorgesorgt, daß sie gleichzeitig in Aktion treten.) Hieran knüpfen sich folgende allgemeine Überlegungen, von denen ich auch wieder bloß die charakteristischen Sätze herausgreifen kann[21]: "Are there thus quasi-independent sub-brains based on the several modalities of sense? In the roof-brain the old 'five' senses instead of being merged inextricably in one another and further submerged under mechanism of higher order are still plain to find, each de-

---

[21] p. 275—278.

marcated in its separate sphere. — How far is the mind a collection of quasi-independant perceptual minds integrated psychically in large measure by temporal concurrence of experience? ... When it is a question of 'mind' the nervous system does not integrate itself by centralization upon one pontifical cell. Rather it elaborates a million-fold democracy whose each unit is a cell. ... the concrete life compounded of sub-lives reveals, although integrated, its additive nature and declares itself an affair of minute foci of life acting together ... When however we turn to the mind there is nothing of all this. The single nerve-cell is never a miniature brain. The cellular constitution of the body need not be for any hint of it from 'mind' ... A single pontifical brain-cell could not assure to the mental reaction a character more unified and non-atomic than does the roof-brain's multitudinous sheet of cells. Matter and energy seem granular in structure, and so does 'life', but not so mind." (Gibt es dann also quasi-unabhängige Partialgehirne, die sich auf die gesonderten Sinnessphären stützen? Die alten „fünf" Sinne — anstatt im Großhirn etwa unentwirrbar miteinander verflochten zu sein und selber in einem übergeordneten Mechanismus aufzugehen, sind dort noch reinlich gegeneinander abgegrenzt anzutreffen, jeder in seinem besonderen Distrikt. — Inwieweit ist das Bewußtsein ein Kollektiv quasi-unabhängiger Wahrnehmungssphären, deren geistige Integration weitgehend auf der Gleichzeitigkeit des Erlebnisablaufs beruht? ... Sobald das „Geistige" in Frage kommt, baut das Nervensystem sich zur Ganzheit auf, nicht dadurch, daß eine zentrale Zelle den Oberbefehl übernimmt, sondern es bildet sich eine millionenfältige Demokratie, deren konstituierende Einheit die Zelle ist. ... das kompakte Leben, aus Partialleben zusammengeschweißt, verrät, obgleich zur Ganzheit geworden, seinen summativen Charakter, es offenbart sich als eine Angelegenheit winzigster Lebenszentren, die zusammenwirken. ... Betrachten wir nun aber den Geist, so findet sich nichts dergleichen. Die einzelne Nervenzelle ist niemals ein Miniaturgehirn. Dafür,

daß der Leib sich aus Zellen aufbaut, gibt die Beschaffenheit des Bewußtseins nicht den leisesten Anhaltspunkt. ... Eine einzige Führerzelle im Gehirn könnte dem Seelenleben keinen einheitlicheren, weniger atomistischen Charakter sichern, als das Großgehirn mit seiner Rinde aus Millionen Zellen es tut. Materie und Energie scheinen eine körnige Struktur zu haben, und das Leben gleichfalls, aber nicht der Geist.)
Damit schließen wir den Exkurs in ein Gebiet, das außerhalb der Grenzen liegt, die wir uns hier gesteckt.

24. *Die Doppelrolle des denkenden Subjekts*

In fast noch empfindlichere Verlegenheit als die bisher behandelten Antinomien bringt uns die Inkongruenz zwischen dem subjektiven Primat des Bewußtseins, das sich mit einigem Recht alles in allem dünkt, und der vergleichsweise untergeordneten Rolle, die seinem Träger oder „Repräsentanten" im Außenwelt-Bild zufällt. Darnach müßte man das Bewußtsein, den Geist oder wie man es nennen will (lat. mens, engl. mind), für etwas erst im Verlauf der organischen Entwickelung auf unserem Planeten Entstandenes halten, u. zw. gewinnt man fast den Eindruck, den man französisch mit „un accident" bezeichnen würde: etwas, das füglich auch hätte unterbleiben können. "Man's mind is a recent product of our planet's side".[22]
Das Gehirn beginnt phylogenetisch als eine Verdickung, ein seitlicher Auswuchs irgendwo auf dem reizleitenden Nervenpfad, der von der energetischen Eintrittspforte — dem späteren Sinnesorgan — zum motorischen Endglied des Reflexbogens führt, d. h. dorthin, wo als Antwort auf den Reiz eine energetische Einwirkung des Organismus auf die Umgebung ausgelöst wird. Die Verdickung verzögert

---

[22] Vergleiche für das Folgende Kap. VII, The Brain and its Work, in *Sherringtons* Buch, insbesondere p. 213 ff. Obiger Satz p. 218.

diesen Effekt, und indem sie mit anderen ähnlichen Auswüchsen auf anderen Reflexbögen in Kommunikation tritt, macht sie es möglich, den Gesamtrespons der wechselnden Gesamtsituation der Umgebung anzupassen. Man kann sagen, es handelt sich darum, die den Einzelreizen zunächst zugeordneten Einzelreflexe zu koordinieren und daraus ein Schema aufzubauen, welches jeder *Konstellation* von Reizen, die gleichzeitig an verschiedenen Eingangspforten auftreten, ein mehr oder minder zusammengesetztes organisches Gefüge von Reflexbewegungen zuordnet. Man muß allerdings sogleich ergänzend hinzufügen, daß die Gruppe von Reizen, welche die ausgelöste Reflexhandlung determiniert, nicht notwendig durchaus simultan zu sein braucht. Vielmehr kommt es sehr bald zu der hochbedeutsamen Errungenschaft, daß die Spuren zeitlich zurückliegender Reize für das motorische Ergebnis mit maßgebend werden; d. h. es tritt Gedächtnis und das durch es ermöglichte Lernen auf. Dies also war der Anfang. Ein Regulativvorgan. Ein besonderer Kunstgriff, die motorischen Reaktionen zu koordinieren, feinzuregulieren und so zu befähigen, den unkontrollierbar wechselnden Ereignissen des Milieus im Augenblick sich anpassend die Spitze zu bieten. Welch unübersehbar verwickelte Weiterbildung dieser ingenieuse Trick, dieser superbe Einfall der Natur auch schließlich erfahren hat — er bleibt doch etwas Spezielles. Auch hat er nicht von Anfang an die übergewaltige, allen anderen Methoden überlegene Rolle gespielt wie heute bei den höheren Wirbeltieren. Als Kuriosum wird öfters das winzig kleine — wenn ich nicht irre wahlnußgroße — Gehirn der riesenhaften Saurier angeführt. Auch ist die Methode nicht einzig, sie hat Seitenstücke. Sogar noch bei uns tritt ihr sehr wichtig an die Seite die rein chemische Methode der inneren Hormonsekretion. Auch da handelt es sich um ein Regulativ, freilich ein langsameres, weniger detailliertes, das mehr in Bausch und Bogen abstimmt. Es ist höchst bemerkenswert, daß auch diese zweite regulative Veranstaltung die manifeste Persönlichkeit so stark und unmittelbar beeinflußt, wie namentlich von

Kropferkrankungen und vom Sexualleben her bekannt ist[23]). Es mutet recht eigentümlich, ja nahezu widerspruchsvoll an, daß wir uns denken sollen, der anschauende, bewußte Geist, in welchem allein der Weltprozeß sich spiegelt, sei erst irgendeinmal im Verlauf desselben aufgetreten, u. zw., wie man wohl sagen muß, *gelegentlich*, als Begleitumstand einer speziellen biologischen Vorkehrung, welche sichtbarlich die Aufgabe erfüllt, gewissen Formen des Lebens die Behauptung in ihrer Umgebung zu erleichtern und so ihre Erhaltung und Fortdauer zu begünstigen. Gewissen, relativ späten Formen. Sich behauptendes Leben hat es schon lange vorher auf der Erde gegeben. Nur ein kleiner Teil davon hat gerade den besonderen Weg eingeschlagen, sich ein Gehirn anzuschaffen. Und bevor das geschah, soll das Ganze ein Spiel vor leeren Bänken gewesen sein? Ja dürfen wir eine Welt, die niemand anschaut, auch nur *das* nennen? Wir sprachen oben einmal von den Trümmern einer Stadt, die wir ausgraben und uns darnach und aus anderer Überlieferung das Bild ihrer Blüte ergänzen. Es hat für uns Wirklichkeitswert, wir glauben daran. Was uns daran tatsächlich interessiert, ist menschliches Leben, Handeln, Schauen, Denken, Fühlen, Freud und Leid, die sich dort abgespielt. Das, sagen wir, war wirklich. Aber eine Welt, die viele Millionen Jahre bestanden hätte, ohne in irgendeinem Geist angeschaut zu werden, ist die überhaupt etwas? *War* sie? Vergessen wir doch nicht: wenn wir oben sagten, der Weltprozeß spiegelt sich im anschauenden Geist, so ist das ein Klischee, eine Phrase, eine Metapher, die sich Bürgerrecht erworben hat. Die Welt ist nur *einmal* gegeben. Gar nichts spiegelt sich. Urbild und Spiegelbild sind eins. Die in Raum und Zeit ausgedehnte Welt ist unsere Vorstellung. Daß sie außerdem noch etwas anderes sei, dafür bietet jedenfalls die Erfahrung — wie schon Bischof *Berkeley* wußte — keinen Anhaltspunkt.

---

[23]) Eine fesselnde gemeinverständliche Darstellung findet man bei *V. H. Mottram*, The Physical Basis of Personality, Pelican Books (A 139) 1944.

Besonderheit des Weltbilds der Naturwissenschaft

Die Romanze einer Welt, welche erst, nachdem sie schon Millionen Jahre unangeschaut bestanden hatte und schon von Leben wimmelte, auf den Einfall kam, sich gelegentlich Gehirne anzuschaffen und sich darin selbst anzuschauen, hat aber noch eine Fortsetzung. Ich möchte sie mit den Worten *Sherringtons* schildern, die sich an eine oben aus op. cit. p. 232 gemachte Anführung (siehe die Fußnote auf Seite 68) direkt anschließen:

"The universe of energy is we are told running down. It tends fatally towards an equilibrium which shall be final. An equilibrium in which life cannot exist. Yet life is being evolved without pause. Our planet in its surround has evolved it and is evolving it. And with it evolves mind. If mind is not an energy-system how will the running down of the universe affect it? Can it go unscathed? Always so far as we know the finite mind is attached somehow to a running energy-system. When that energy-system ceases to run what of the mind which runs with it? Will the universe which elaborated and is elaborating the finite mind then let it perish?"

(Die energetische Welt, so wird uns gesagt, steht im Begriff sich totzulaufen. Sie strebt unaufhaltsam einem Gleichgewicht zu, welches endgültig sein wird. Einem Gleichgewicht, bei dem es kein Leben geben kann. Doch entwickelt sich Leben ohne Unterlaß. Unser Planet in seiner Umgebung hat es entwickelt und entwickelt es weiter. Mit ihm entwickelt sich Bewußtsein. Wenn Bewußtsein kein energetisches System ist, wie wird das Totlaufen der Welt ihm bekommen? Kann es dabei unversehrt bleiben? Immer ist, nach allem, was wir wissen, das endliche Bewußtsein irgendwie geknüpft an ein funktionierendes energetisches System. Wenn dieses nun die Funktion einstellt, was dann mit dem begleitenden Bewußtsein? Wird die Welt, welche das endliche Bewußtsein ausgebildet hat und fortfährt es auszubilden, es dann zugrunde gehen lassen?)

Das Bewußtsein (oder der Geist, mens, mind) spielt eine

verwirrende Doppelrolle. Einerseits ist es der Schauplatz, u. zw. der einzige Schauplatz, auf dem dieses ganze Weltgeschehen sich abspielt, das Gefäß, das alles in allem enthält und außer dem nichts ist. Andrerseits gewinnen wir den, vielleicht irrtümlichen, Eindruck, daß es innerhalb dieses Weltgetriebes gewissen, sehr speziellen Organen verhaftet ist, die zwar sicher das Interessanteste sind, was die Tier- und Pflanzenphysiologie kennt, aber doch nicht einzigartig, nicht sui generis, weil sie schließlich doch nur, wie so viele andere auch, der Lebensbehauptung ihrer Träger dienen und dem Umstand, daß sie das tun, ihre Ausbildung im selektiven Artbildungsprozeß verdanken.

Zuweilen stellt ein Maler in sein großes Gemälde oder ein Dichter in sein Gedicht eine unscheinbare Nebenfigur hin, die er selber ist. So hat wohl der Dichter der Odyssee mit dem blinden Barden, der in der Halle der Phäaken von Troja singt und den vielgeprüften Helden zu Tränen rührt, bescheiden sich selbst in sein Epos gefügt. Auch im Nibelungenlied begegnet uns auf dem Zug durch die österreichischen Lande ein Poet, den man im Verdacht hat, der Verfasser zu sein. Auf dem Dürerschen Allerheiligenbild sind um die hoch in Wolken schwebende Trinität zwei große Zirkel von Gläubigen anbetend versammelt, ein Kreis der Seligen in den Lüften, ein Kreis von Menschlein auf Erden. Könige, Kaiser und Päpste unter ihnen. Und wenn ich mich recht erinnere, hat der Künstler in den irdischen Kreis, als eine bescheidene Nebenfigur, die auch fehlen könnte, sich selber hingekniet.

Mir scheint dies das beste Gleichnis für die verwirrende Doppelrolle des Geistes: auf der einen Seite ist er der Künstler, der das Ganze geschaffen hat, auf dem Bild aber ist er eine unbedeutende Staffage, die auch fehlen könnte, ohne die Gesamtwirkung zu beeinträchtigen.

Ohne Gleichnis müssen wir erklären, daß wir es hier mit einer von den typischen Antinomien zu tun haben, die darauf zurückgehen, daß es uns jedenfalls bisher noch nicht gelungen ist, ein verständliches Weltbild aufzubauen, außer um den Preis, daß der Beschauer und Erbauer sich daraus zurückzieht und darin nicht mehr Platz hat. Der Versuch, ihn doch hineinzuzwängen, führt auf Ungereimtes.

25. *Werte, Sinn und Zweck*

Wie das raum-zeitliche Weltmodell farblos, stumm und ungreifbar ist, d. h. der Sinnesqualitäten ermangelt, so fehlt in ihm überhaupt alles, wovon der Sinn einzig und allein in der Beziehung auf das bewußte, anschauende und empfindende Selbst liegt. Ich meine vor allem die ethischen und ästhetischen Werte, Werte jeder Art, alles, was auf Sinn und Zweck des Geschehens Bezug hat. All das fehlt nicht nur, sondern läßt sich überhaupt nicht organisch hineinfügen. Wenn man es hineinzulegen versucht, wie ein Kind seine farblosen Malvorlagen koloriert, so paßt es nicht. Denn alles, was in *dieses* Weltbild eintritt, bekommt, ob es will oder nicht, die Form einer naturwissenschaftlichen Aussage; und als solche wird es dann falsch.
Leben ist an sich wertvoll. „Achtung vor dem Leben", so, glaube ich, hat *Albert Schweitzer* das Grundgebot aller Sittlichkeit gefaßt. Die Natur hat keine Achtung vor dem Leben. Sie verfährt damit, als ob es das Wertloseste von der Welt wäre. Millionenfach erzeugt, wird doch der größte Teil davon rasch wieder vernichtet oder anderem Leben als Beute vorgeworfen. Das ist die Meister-Methode, neue Lebensformen zu erzeugen. — „Du sollst nicht quälen. Füge keinen Schmerz zu." Die Natur weiß nichts davon. Ihre Geschöpfe sind darauf angewiesen, einander in stetem Kampf zu martern. There is nothing either good or bad but thinking makes it so. Kein natürliches Geschehen ist an sich gut oder böse. Ebensowenig ist es an sich schön oder häßlich. Die *Werte* fehlen. Die Werte, und ganz besonders der Zweck und der Sinn. Die Natur handelt nicht nach Zwecken. Wenn wir von zweckmäßiger Anpassung eines Organismus an seine Umgebung sprechen, so wissen wir, daß es nur eine bequeme

Redeweise ist. Wenn wir es wörtlich nehmen, irren wir. Wir irren im Rahmen unseres Weltbilds. In ihm ist alles nur streng kausal verkettet.

Am allerwenigsten aber können wir aus der rein naturwissenschaftlichen Untersuchung einen Sinn des Ganzen ausmachen. Je genauer wir hinsehen, desto sinnloser scheint es. Das Spektakel, das sich da abspielt, gewinnt offenbar nur Bedeutung in Beziehung auf den anschauenden Geist. In welchem Verhältnis der aber dazu steht, darüber sagt uns die Naturwissenschaft nur Ungereimtes: als sei er erst durch eben dies Spektakel, das er jetzt anschaut, entstanden und werde in ihm wieder vergehen, wenn die Sonne erkaltet und die Erde zu einer Wüste von Eis und Stein geworden ist.

26. *Der Atheismus der Naturwissenschaft*

Ganz kurz will ich schließlich daran erinnern, daß auch der notorische Atheismus der Naturwissenschaft hierher gehört. Die Theisten machen ihr den wieder und wieder zum Vorwurf. Mit Unrecht. Der persönliche Gott kann in einem Weltbild nicht vorkommen, daß bloß zugänglich wurde um den Preis, daß alles Persönliche daraus entfernt wurde. Wir wissen, wenn Gott erlebt wird, ist er ein Erlebnis, genau so real wie die unmittelbare Sinnesempfindung, wie die eigene Persönlichkeit. Wie diese muß er in dem raum-zeitlichen Bild fehlen. „Ich finde Gott nicht vor in Raum und Zeit", so sagt der ehrliche naturwissenschaftliche Denker und wird dafür von denen gescholten, in deren Katechismus doch steht: Gott ist Geist.

Der Grundgedanke der Wellenmechanik

(Nobel-Vortrag, gehalten zu Stockholm am 12. Dezember 1933)

Wenn ein Lichtstrahl durch ein optisches Instrument geht, beispielsweise durch ein Fernrohr oder ein photographisches Objektiv, so erfährt er an jeder brechenden oder spiegelnden Fläche eine Richtungsänderung. Der Strahlengang läßt sich konstruieren, wenn man die beiden einfachen Gesetze kennt, welche die Richtungsänderungen beherrschen: das Brechungsgesetz, das vor ein paar Hundert Jahren von *Snellius* entdeckt wurde, und das Spiegelungsgesetz, das schon vor mehr als zweitausend Jahren dem *Archimedes* bekannt war. Figur I zeigt als einfaches Beispiel einen Strahl A—B, der an jeder

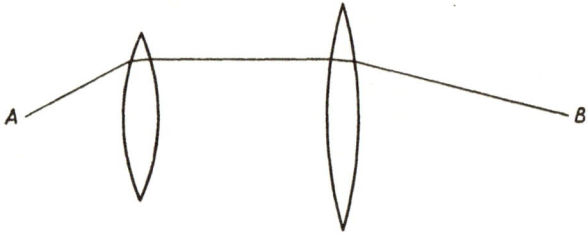

Fig. 1

der vier Grenzflächen von zwei Linsen eine Brechung erfährt, die von dem *Snellius*schen Gesetz beherrscht zu denken ist. Unter einen viel allgemeineren Gesichtspunkt hat *Fermat* den Gesamtverlauf eines Lichtstrahls zusammengefaßt. Das Licht pflanzt sich in verschiedenen Medien verschieden schnell fort, und die Strahlbahn ist so, als ob es dem Licht darauf ankäme, *so schnell wie möglich* den Ort zu erreichen, den es erreicht. (Dabei darf man, nebenbei bemerkt, *irgendzwei* Punkte entlang dem Strahl als Anfangs- und Endpunkt ansehen.) Die geringste Abweichung von dem wirklich eingeschlagenen Weg würde eine Verzögerung bedeuten. Das ist das berühmte *Fermat*sche *Prinzip der kürzesten Lichtzeit*,

Der Grundgedanke der Wellenmechanik | 87

welches das gesamte Schicksal eines Lichtstrahls in wunderbarer Weise durch eine einzige Aussage bestimmt und auch den allgemeineren Fall mitumfaßt, daß die Beschaffenheit des Mediums nicht sprunghaft an einzelnen Flächen, sondern allmählich von Ort zu Ort variiert. Ein Beispiel liefert die Erdatmosphäre. Je tiefer ein von außen kommender Lichtstrahl in sie eindringt, um so langsamer läuft er in der dichter und dichter werdenden Luft. Und wenn die Unterschiede in der Fortpflanzungsgeschwindigkeit auch nur äußerst gering sind, so fordert doch das *Fermat*sche Prinzip unter diesen Umständen, **daß** der Lichtstrahl sich erdwärts krümmt

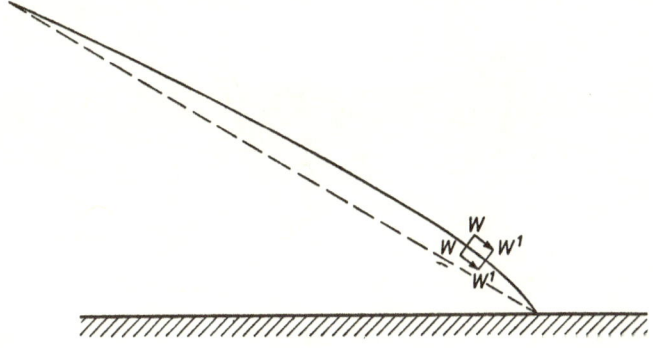

Fig. 2

(s. Fig. 2), denn so bleibt er etwas länger in den höheren „schnelleren" Schichten und kommt rascher ans Ziel als auf dem kürzeren geraden Weg (in der Figur gestrichelt; das kleine Viereck WWW^1W^1 möge vorläufig unbeachtet bleiben). Ich denke, Sie haben wohl alle schon bemerkt, daß die Sonne, wenn sie tief am Horizont steht, nicht kreisrund, sondern abgeplattet aussieht, ihr lotrechter Durchmesser erscheint verkürzt. Das ist eine Folge dieser Strahlenkrümmung.
Nach der Wellentheorie des Lichtes haben die Lichtstrahlen eigentlich nur fiktive Bedeutung. Sie sind nicht physische Bahnen irgendwelcher Lichtteilchen, sondern eine mathematische Hilfskonstruktion, die sogenannten Orthogonal-

trajektorien der Wellenflächen, gleichsam gedachte Führungslinien, die an jeder Stelle in die Richtung senkrecht zur Wellenfläche weisen, in der letztere fortschreitet (Vgl. Fig. 3, die den einfachsten Fall konzentrisch kugelförmiger Wellenflächen und demgemäß geradliniger Strahlen darstellt, während Fig. 4 den Fall gekrümmter Strahlen erläutert.) Es nimmt wunder, daß ein so wichtiges allgemeines Prinzip wie das *Fermat*sche seine Aussage direkt auf diese mathematischen Hilfslinien bezieht, nicht auf die Wellenflächen, und man könnte aus diesem Grunde geneigt sein, es nur für ein mathematisches Kuriosum zu halten. Aber weit gefehlt.

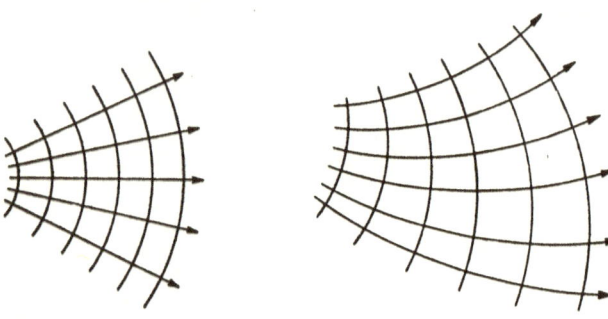

Fig. 3   Fig. 4

Erst vom Standpunkte der Wellentheorie wird es richtig verständlich und hört auf, ein göttliches Wunder zu sein. Vom Wellenstandpunkt ist nämlich die sogenannte *Krümmung* des Lichtstrahls viel unmittelbarer verständlich als *Schwenkung* der Wellenfläche, die trivialerweise erfolgen muß, wenn benachbarte Teile einer Wellenfläche verschieden schnell fortschreiten; genau wie etwa eine Kompanie Soldaten im Frontmarsch das Kommando „Rechts schwenkt" dadurch ausführt, daß die Leute verschieden große Schritte machen, der rechte Flügelmann die kleinsten, der linke die größten. Zum Beispiel bei der atmosphärischen Strahlenbrechung (Fig. 2) muß das Wellenflächenstückchen WW notwendig eine Rechtsschwenkung nach W^1W^1 vollziehen,

weil doch sein linker Teil in etwas höherer, dünnerer Luft liegt und daher rascher fortschreitet als der rechte, tiefer gelegene[1]). Bei näherem Zusehen stellt sich nun heraus, daß das *Fermat*sche Prinzip vollkommen *inhaltsgleich* ist mit der trivialen und selbstverständlichen Behauptung, daß — bei vorgegebener örtlicher Verteilung der Lichtgeschwindigkeit — die Wellenfront in der angegebenen Art schwenken muß. Ich kann das hier nicht beweisen, will aber versuchen, es plausibel zu machen. Denken Sie sich wieder die Reihe Soldaten im Frontmarsch. Zur Sicherheit, damit die Reihe ausgerichtet bleibe, sollen die Leute durch eine lange Stange verbunden sein, die jeder fest in der Hand hält. Richtungskommando wird keines gegeben, der Befehl lautet bloß: Jeder marschiere oder laufe, so schnell er kann. Wenn nun die Beschaffenheit des Bodens langsam von Ort zu Ort wechselt, so wird bald der rechte, bald der linke Flügel rascher vorankommen, und es werden ganz von selbst Schwenkungen auftreten. Nach längerer Zeit wird man bemerken, daß die gesamte durchlaufene Bahn nicht geradlinig, sondern irgendwie gekrümmt ist. Daß diese gekrümmte Bahn genau diejenige ist, auf welcher der jeweils erreichte Ort nach Maßgabe der Terrainbeschaffenheit *am raschesten* zu erreichen war, ist zum mindesten recht plausibel, weil jeder von den Leuten doch sein Bestes getan hat. Auch kann man bemerken, daß die Schwenkung sich immer nach der Richtung hin vollzieht, in welcher die Terrainbeschaffenheit schlechter wird, so daß es zum Schluß so aussieht, als hätten die Leute absichtlich um eine Gegend, wo sie langsam vorwärtskommen würden, „einen Bogen gemacht".
So erscheint das Prinzip von *Fermat* geradezu als die *triviale*

---

[1]) Beiläufig sei hier auf einen Punkt hingewiesen, in dem die *Snellius*sche Auffassung versagt. Ein horizontal ausgesandter Lichtstrahl sollte horizontal bleiben, weil doch in horizontaler Richtung der Brechungsindex nicht variiert. In Wahrheit krümmt ein horizontaler Strahl sich stärker als jeder andere, was nach der Vorstellung der schwenkenden Wellenfront ganz selbstverständlich ist.

Quintessenz der Wellentheorie. Darum war es eine recht merkwürdige Sache, als eines Tages *Hamilton* die Entdeckung machte, daß auch die wirkliche Bewegung von Massenpunkten in einem Kraftfeld (beispielsweise eines Planeten auf seinem Weg um die Sonne oder eines geworfenen Steins im Schwerefeld der Erde) von einem ganz ähnlichen allgemeinen Prinzip beherrscht wird, das seither den Namen seines Entdeckers trägt und berühmt gemacht hat. Das *Hamilton*sche Prinzip besagt zwar nicht genau dies, daß der Massenpunkt den raschesten Weg wählt, aber doch etwas *so* ähnliches — die Analogie zum Prinzip der kürzesten Lichtzeit ist *so* eng, daß man vor ein Rätsel gestellt war. Es schien so, als hätte die Natur ein und dieselbe Gesetzmäßigkeit zweimal auf ganz verschiedene Weise verwirklicht: das eine Mal beim Licht vermittels eines ziemlich durchsichtigen Wellenspiels, das andere Mal bei den Massenpunkten, wo man gar nicht durchsah, es sei denn, daß man auch ihnen irgendwie Wellennatur zuschreiben wollte. Und das schien fürs erste ausgeschlossen. Denn die „Massenpunkte", an denen die Gesetze der Mechanik wirklich experimentell bestätigt waren, waren zu der Zeit bloß die großen, sichtbaren, zum Teil *sehr* großen Körper, die Planeten, für die so etwas wie „Wellennatur" gar nicht in Frage zu kommen schien. Die kleinsten, letzten Bausteine der Materie, die wir heute in viel eigentlicherem Sinn „Massenpunkte" nennen, waren damals noch etwas rein Hypothetisches. Erst im Anschluß an die Entdeckung der Radioaktivität führte eine ständige Verfeinerung der Meßmethoden dazu, daß man die Eigenschaften dieser Korpuskeln oder Partikeln im einzelnen studieren konnte, ja daß man heute die Bahnen solcher Korpuskeln nach dem sinnreichen Verfahren *C. T. R. Wilsons* zu photographieren und (stereophotogrammetrisch) sehr genau auszumessen versteht. Soweit die Messungen reichen, bestätigen sie für die Korpuskeln die Gültigkeit derselben mechanischen Gesetze wie für große Körper, Planeten usw. Im übrigen aber stellte sich heraus, daß natürlich nicht das Molekül, aber auch nicht das einzelne Atom als „letzter

Baustein" gelten kann, sondern auch das Atom ist noch ein
recht kompliziert zusammengesetztes System. Es entstanden
Bilder in unserem Geist von dem Aufbau der Atome *aus*
Korpuskeln, Bilder, die eine gewisse Ähnlichkeit mit dem
Planetensystem zu haben schienen. Und es war natürlich,
daß man zunächst versuchte, hier dieselben Bewegungs-
gesetze für gültig zu halten, die sich im Großen so wundervoll
bewährt hatten. Das heißt, man wendete auch auf das
„Innenleben" des Atoms die *Hamilton*sche Mechanik an, die,
wie ich vorhin sagte, im *Hamilton*schen Prinzip gipfelt. Daß
dieses letztere eine sehr enge Analogie zum optischen Prinzip
von *Fermat* hat, war inzwischen fast in Vergessenheit geraten.
Oder wenn man daran dachte, so sah man das nur als einen
kuriosen Zug der mathematischen Theorie an.

Es ist nun sehr schwer, ohne näheres Eingehen auf die
Details einen rechten Begriff davon zu geben, welchen Erfolg
oder Mißerfolg man mit diesen klassisch-mechanischen Bildern des Atoms erzielte. Auf der einen Seite erwies sich
gerade das *Hamilton*sche Prinzip als der treuste und zuver-
lässigste Wegweiser, den man schlechterdings nicht ent-
behren konnte; auf der anderen Seite mußte man sich aber,
um den Tatsachen gerecht zu werden, den groben Eingriff
ganz neuer, unverständlicher Forderungen gefallen lassen,
der sogenannten Quantenbedingungen und Quantenpostulate.
Grobe Mißtöne in der Symphonie der klassischen Mechanik —
und doch seltsam an sie anklingend, gleichsam auf demselben
Instrument gespielt. Mathematisch läßt es sich so ausdrücken:
Während das *Hamilton*sche Prinzip nur verlangt, daß ein
gewisses Integral ein Minimum sein muß, ohne daß durch
diese Forderung der Zahlenwert des Minimums festgelegt
wäre, wird jetzt gefordert, daß der Zahlenwert des Minimums
auf ganzzahlige Vielfache einer universellen Naturkonstante,
des *Planck*schen Wirkungsquantums, beschränkt sei. —
Doch dies nur nebenbei. — Die Situation war ziemlich ver-
zweifelt. Hätte die alte Mechanik ganz versagt, es hätte noch
hingehen mögen. Dann hätte man die Bahn frei gehabt, um
eine neue zu ersinnen. So aber stand man vor der schwierigen

Aufgabe, ihre *Seele* zu retten, deren Hauch fühlbar in diesem Mikrokosmos waltete, und doch ihr sozusagen abzuschmeicheln, daß sie die Quantenbedingungen nicht mehr als grobe Eingriffe, sondern als aus ihrem eigenen inneren Wesen fließend anerkennen möge.

Der Ausweg bot sich gerade in der schon oben angedeuteten Möglichkeit, daß man auch in dem Prinzip von *Hamilton* den Ausfluß eines Wellenspieles vermutet, das den punktmechanischen Vorgängen eigentlich zugrunde liege, genau wie man es bei den Erscheinungen des Lichtes und dem sie beherrschenden Prinzip von *Fermat* schon lange gewohnt war. Die einzelne Bahn eines Massenpunktes verliert dadurch allerdings ihre eigentliche physische Bedeutung und wird zu etwas Fiktivem wie der einzelne isolierte Lichtstrahl. Aber die Seele der Theorie, das Minimalprinzip, bleibt nicht nur unangetastet, sondern enthüllt erst bei wellenmäßiger Betrachtung seine wahre, einfache Bedeutung, wie schon oben ausgeführt wurde. Die neue Theorie ist eigentlich gar keine *neue* Theorie, sie ist eine völlig organische Weiterbildung, fast möchte man sagen nur eine feinere Auslegung der alten. Aber wie konnte dann diese neue „feinere" Auslegung zu merklich anderen Resultaten führen, wie konnte sie in der Anwendung auf das Atom Schwierigkeiten beheben, denen die alte nicht zu begegnen wußte? Wie konnte sie jene groben Eingriffe erträglich oder gar sich zu eigen machen?

Auch diese Dinge lassen sich am besten durch die Analogie mit der Optik verdeutlichen. Wohl nannte ich vorhin das Prinzip von *Fermat* mit gutem Recht die Quintessenz der Wellentheorie des Lichtes. Trotzdem kann es das genauere Studium des Wellenvorganges selbst nicht entbehrlich machen. Die sogenannten Beugungs- und Interferenzerscheinungen des Lichtes lassen sich nur verstehen, wenn man den Wellenvorgang im einzelnen verfolgt, weil es dabei nicht bloß darauf ankommt, wohin die Welle schließlich gelangt, sondern auch darauf, ob sie in einem bestimmten Augenblick mit einem Wellenberg oder mit einem Wellental dort eintrifft. Bei älteren, gröberen Versuchsanordnungen

Der Grundgedanke der Wellenmechanik | 93

traten diese Erscheinungen nur als kleine Details auf und entgingen der Beobachtung. Sobald sie aber auffielen und richtig, wellenmäßig gedeutet waren, war es leicht, Versuche zu ersinnen, bei denen sich die Wellennatur des Lichtes nicht bloß in feineren Details, sondern ganz grob im Gesamtcharakter der Erscheinung äußert.

Lassen Sie mich das an zwei Beispielen erläutern, zunächst an dem eines optischen Instrumentes, wie Fernrohr, Mikroskop u. dgl. Mit einem solchen will man ein scharfes Bild erzeugen, daß heißt man strebt darnach, daß alle Strahlen, die von einem Objektpunkt ausgehen, sich wieder in einem Punkt vereinigen, dem sogenannten Bildpunkt (vgl. Fig. 1a). Anfangs glaubte man, daß dem nur die geometrisch-optischen Schwierigkeiten im Wege stehen, die allerdings groß genug sind. Später zeigte sich, daß auch bei den bestkon-

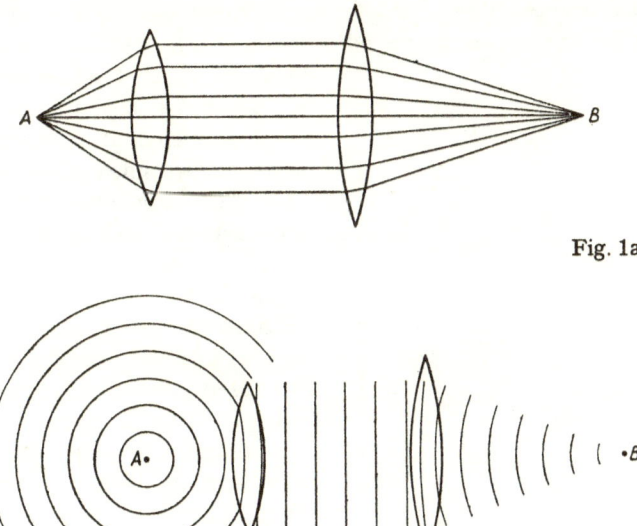

Fig. 1a

Fig. 1b

struierten Instrumenten die Strahlenvereinigung wesentlich schlechter ist, als zu erwarten wäre, wenn wirklich jeder Strahl unabhängig von seinen Nachbarstrahlen genau dem *Fermat*schen Prinzip folgte. Das Licht, das von einem Objektpunkt ausgeht und vom Instrument aufgenommen wird, vereinigt sich hinter demselben nicht wieder in einem Punkt, sondern verteilt sich auf eine kleine kreisrunde Fläche, ein sog. Beugungsscheibchen, das übrigens nur deshalb meistens ein Kreis ist, weil die Blenden und Linsenränder es zu sein pflegen. Die Ursache der Erscheinung, die man *Beugung* nennt, ist nämlich die, daß nicht die ganzen Kugelwellen, die von dem Objektpunkt ausgehen, vom Instrument aufgenommen werden können. Die Linsenränder und eventuelle Blenden schneiden nur einen Teil aus den Wellenflächen heraus (vgl. Fig 1b) und — wenn ein anschaulicher Ausdruck erlaubt ist — die verletzten Wundränder widersetzen sich der strengen Vereinigung in einem Punkt und erzeugen das etwas verschwommene oder verwaschene Bild. Die Verwaschenheit hängt aufs engste mit der *Wellenlänge* des Lichtes zusammen und ist wegen dieses tiefliegenden theoretischen Zusammenhanges völlig unvermeidbar. Anfangs kaum beachtet, beherrscht und begrenzt sie die Leistungsfähigkeit des modernen Mikroskops, das aller anderen Abbildungsfehler Herr geworden ist, ganz und gar. Von Gebilden, die nicht viel gröber oder gar noch feiner sind als die Wellenlängen des Lichtes, erhält man Abbildungen, die nur entfernte oder gar keine Ähnlichkeit mit dem Original haben. Ein zweites, noch einfacheres Beispiel

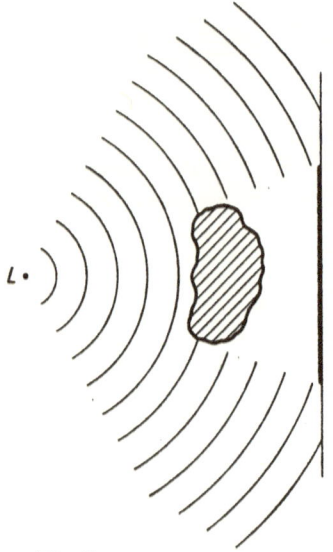

Fig. 5

ist der Schatten, den eine kleine, punktförmige Lichtquelle von einem undurchsichtigen Gegenstand auf einem Schirm entwirft. Um die Form des Schattens zu konstruieren, hat man jeden Lichtstrahl zu verfolgen und nachzusehen, ob der undurchsichtige Körper ihn hindert, auf den Schirm zu gelangen oder nicht. Der Schatten*rand* ist gebildet durch diejenigen Lichtstrahlen, die gerade noch streifend am Rande des Körpers vorbeikommen. Erfahrungsgemäß ist nun der Schattenrand auch bei punktförmiger Lichtquelle und völlig scharfer Begrenzung des schattenwerfenden Gegenstandes nicht wirklich scharf. Die Ursache davon ist wieder dieselbe wie im früheren Fall. Die Wellenfront wird durch den Körper sozusagen entzweigeschnitten (vgl. Fig. 5), und die Spuren der Verwundung haben eine Unschärfe des Schattenrandes zur Folge, die unverständlich wäre, wenn die einzelnen Lichtstrahlen selbständige Wesenheiten wären, die unabhängig voneinander fortschreiten, ohne sich umeinander zu kümmern.

Das Phänomen — das gleichfalls als Beugung bezeichnet wird — ist im allgemeinen bei größeren Körpern nicht sehr auffällig. Ist aber der schattenwerfende Körper wenigstens in einer Dimension sehr klein, dann äußert sich die Beugung erstens darin, daß überhaupt kein eigentlicher Schatten mehr zustande kommt, zweitens — und viel auffälliger — darin, daß das kleine Körperchen gleichsam selbstleuchtend wird und nach allen Seiten Licht ausstrahlt (vorzugsweise allerdings unter kleinen Winkeln mit dem einfallenden Licht). Jeder von Ihnen kennt gewiß die sogenannten „Sonnenstäubchen" auf dem Weg eines Lichtstreifens, der in ein dunkles Zimmer fällt. Auch zarte Gräser und Spinnweben am Rand eines Hügels, hinter dem sich die Sonne versteckt, oder das lose Haupthaar eines Menschen, der gegen die Sonne steht, erstrahlen oft wunderbar in abgebeugtem Licht, und die Sichtbarkeit von Rauch und Nebel beruht auf ihm. Es kommt nicht eigentlich von dem Körper selbst, sondern aus seiner unmittelbaren Umgebung, einem Gebiet, in welchem er eine erhebliche Störung der auftreffenden Wellenfronten hervorruft. Es ist interessant und für das Folgende wichtig zu bemerken, daß das Störungsgebiet immer und nach jeder Richtung hin mindestens die Ausdehnung einer oder einiger weniger Wellenlängen hat, wie klein das störende Körperchen auch sein mag. Wir haben also auch hier wieder die enge Beziehung des Beugungsphänomens zur Wellenlänge. Das wird vielleicht am handgreiflichsten illustriert durch den Hinweis auf einen anderen Wellenvorgang, nämlich den Schall. Wegen der viel größeren Wellenlänge, die hier nach Zentimetern und Metern mißt, tritt beim Schall die Schattenbildung ganz zurück, und die Beugung spielt eine große, auch praktisch wichtige Rolle: wir können einen Rufenden hinter einer hohen Mauer oder um die Ecke eines soliden Hauses herum sehr gut *hören*, auch wenn wir ihn nicht *sehen* können.

Kehren wir jetzt von der Optik wieder zur Mechanik und suchen wir die Analogie voll zur Geltung zu bringen. Der *alten* Mechanik entspricht in der Optik das gedankliche Operieren mit isolierten, voneinander unabhängigen Lichtstrahlen. Der neuen undulatorischen Mechanik entspricht die Wellentheorie des Lichtes. Was man beim Übergang von der alten zur neuen Auffassung gewinnt, wird dies sein, daß man die Beugungserscheinungen mitumfaßt oder besser gesagt etwas, was den Beugungsphänomenen des Lichtes streng analog ist und was wohl im allgemeinen, wie dort, sehr unbedeutend sein muß, sonst hätte die alte Auffassung der Mechanik nicht so lange voll befriedigen können. Aber es ist nicht schwer zu erraten, daß unter Umständen das vernachlässigte Phänomen sehr fühlbar werden, das mechanische Geschehen ganz und gar beherrschen und der alten Auffassung unlösbare Rätsel aufgeben wird, und zwar dann, wenn *das ganze mechanische System in seiner Ausdehnung vergleichbar ist mit der Wellenlänge der „Materialwellen"*, die für die mechanischen Vorgänge dieselbe Rolle spielen wie die Lichtwellen für die optischen.

Das ist der Grund, weshalb in diesen winzig kleinen Systemen, den Atomen, die alte Auffassung versagen mußte, die zwar für die grobmechanischen Vorgänge sehr angenähert zu

Recht bestehen bleibt, aber nicht mehr für das feine Wechselspiel in Gebieten von der Größenordnung einer oder weniger Wellenlängen. Es war verblüffend zu bemerken, wie hier alle jene seltsamen Zusatzforderungen sich aus der neuen undulatorischen Auffassung heraus ganz von selbst einstellten, während sie der alten künstlich aufgepfropft werden mußten, um sie auf das Innenleben des Atoms zuzupassen und dessen wirklich beobachtete Lebensäußerungen einigermaßen zu erklären.

Man sieht, der springende Punkt bei der ganzen Sache ist der, daß die Durchmesser der Atome und die Wellenlänge jener hypothetischen Materiewellen von ungefähr derselben Größenordnung sind. Und da werden Sie gewiß fragen, ob man es als einen bloßen Zufall anzusehen hat, daß wir bei fortgesetzter Analyse des Aufbaus der Materie gerade an dieser Stelle auf die Größenordnung der Wellenlänge stoßen, oder ob man das einigermaßen verstehen kann. Ferner woher man denn überhaupt weiß, daß es so ist, da die Materiewellen doch ein ganz neues Requisit dieser Theorie sind, das noch nirgend anderswo her bekannt war. Oder hat man vielleicht einfach diese *Annahme* machen müssen?

Nun, die Übereinstimmung der Größenordnungen ist kein bloßer Zufall, und man hat auch keine besondere Annahme darüber nötig, sie ergibt sich von selbst aus der Theorie, u. zw. hat es damit folgende merkwürdige Bewandtnis. Daß der schwere Atom*kern* viel viel kleiner ist als das Atom und darum bei der folgenden Überlegung als punktförmiges Anziehungszentrum gelten kann, das ist, wie man wohl sagen darf, experimentell sichergestellt durch *Rutherfords* und *Chadwicks* Versuche über die Streuung der Alphastrahlen. Statt der *Elektronen* führt man hypothetische Wellen ein, deren Wellenlänge man aber noch ganz offen läßt, weil man doch darüber nichts weiß. Es steht dann zwar in unserer Rechnung ein Buchstabe, sagen wir a, der eine noch unbestimmte Zahl bedeutet. Aber das sind wir bei solchen Rechnungen ohnedies gewöhnt, und es hindert uns nicht, auszurechnen, daß der Atomkern eine Art Beugungserscheinung dieser Wellen erzeugen muß, ähnlich wie ein winziges Staubteilchen an den Lichtwellen. Ganz wie dort ergibt sich, daß die Ausdehnung des Störungsgebietes, mit dem der Kern sich umgibt, zur Wellenlänge in enger Beziehung steht und von derselben Größenordnung ist wie sie. Die haben wir nun freilich offenlassen müssen. Aber nun kommt der wichtigste Schritt: *man identifiziert das Störungsgebiet, den Beugungshof, mit dem Atom; man erklärt, das Atom sei in Wirklichkeit gar nichts weiter als das Beugungsphänomen einer vom Atomkern gewissermaßen eingefangenen Elektronenwelle.* Es ist dann kein Zufall mehr, daß Atomgröße und Wellenlänge von derselben Größenordnung sind, sondern das ist selbstverständlich. Aber zahlenmäßig kennen wir weder die eine noch die andere, denn in unserer Rechnung steht ja noch immer die *eine* unbestimmte Konstante, die wir a nannten. Diese zu bestimmen hat man nun zwei Möglichkeiten, die sich gegenseitig kontrollieren. Man kann sie erstens so wählen, daß die Lebensäußerungen des Atoms, vor allem die ausgesandten Spektrallinien, quantitativ richtig herauskommen, die ja sehr genau gemessen sind. Zweitens kann man a so wählen, daß der Beugungshof die für das Atom zu fordernde Größe bekommt. Diese beiden Bestimmungen von a (deren zweite allerdings sehr viel unschärfer ist, weil „Größe des Atoms" kein scharfer Begriff ist) *stehen miteinander in vollkommenem Einklang.* — Man kann endlich drittens die Bemerkung machen, daß die unbestimmt gebliebene Konstante physikalisch nicht wirklich die Dimension einer Länge, sondern einer Wirkung, d. i. Energie mal Zeit, hat. Dann liegt es sehr nahe, für sie den Zahlenwert des universellen *Planck*schen Wirkungsquantums einzusetzen, der ja von den Gesetzen der Wärmestrahlung her recht genau bekannt ist. Es zeigt sich, daß man mit der vollen, jetzt erheblichen Genauigkeit *auf die erste* (genaueste) *Bestimmung zurückfällt.*

Die Theorie kommt also in quantitativer Hinsicht mit einem Minimum neuer Annahmen aus. Sie enthält eine einzige verfügbare Konstante, und dieser hat man einen aus der älteren Quantentheorie wohlbekannten Zahlenwert zu erteilen, um

erstens jenen Beugungshöfen die richtige Größe
zu geben, damit sie vernünftigerweise mit den
Atomen identifiziert werden können, und um
zweitens alle Lebensäußerungen des Atoms, das
von ihm ausgestrahlte Licht, die Ionisierungs-
arbeit usw., quantitativ richtig auszurechnen.

Ich habe versucht, den Grundgedanken dieser
Wellentheorie der Materie in möglichst einfacher
Form vor Ihnen zu entwickeln. Lassen Sie mich
nun eingestehen, daß ich in diesem Bestreben
— in dem Wunsch, die Begriffe nicht gleich von
vornherein zu verwirren — schöngefärbt habe.
Nicht was die Vollkommenheit betrifft, mit der
alle hinreichend vorsichtig gezogenen Konsequenzen von der Erfahrung bestätigt werden, wohl
aber in bezug auf die begriffliche Leichtigkeit und
Einfachheit, mit der die Konsequenzen erreicht

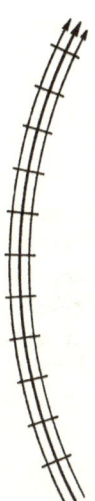

Fig. 6

werden. Ich rede dabei nicht von den mathematischen
Schwierigkeiten, die letzten Endes immer trivial sind, sondern von den begrifflichen. Es ist natürlich nicht schwer,
zu sagen, man geht von der Vorstellung einer *Bahnkurve*
über zu einem System von Wellenflächen, das dazu senkrecht ist. Aber die Wellenflächen, selbst wenn man nur
kleine Stückchen davon in Betracht ziehen will (s. Fig. 6),
fassen doch mindestens ein schmales *Bündel* möglicher Bahnkurven zusammen, zu denen allen sie in der gleichen Beziehung stehen. Nach der alten Auffassung ist eine von ihnen
als die „wirklich durchlaufene" vor allen übrigen „bloß
möglichen" im konkreten Einzelfall ausgezeichnet, nach
der neuen Auffassung aber nicht. Es ist die ganze Wucht des
logischen Gegensatzes zwischen einem
    Entweder-Oder (Punktmechanik)
und einem
    Sowohl-Als auch (Wellenmechanik),
was uns hier entgegentritt. Nun würde das nicht schlimm
sein, wenn es sich wirklich darum handelte, die ältere Auf-

fassung ganz fallenzulassen und durch die neuere zu *ersetzen*. Aber so steht die Sache leider nicht. Vom Standpunkte der Wellenmechanik wäre die unendliche Schar der möglichen Punktebahnen nur etwas Fiktives, keine davon hätte vor den übrigen das Prärogative, die im Einzelfall wirklich durchlaufene zu sein. Aber wie ich schon vorhin einmal erwähnte, in manchen Fällen haben wir doch solche einzelne Teilchenbahnen wirklich beobachtet. Die Wellenvorstellung kann dies nicht oder nur sehr unvollkommen wiedergeben. Es fällt uns verteufelt schwer, die Bahnspuren, die wir *sehen*, nur als schmale Bündel gleichberechtigter möglicher Bahnen anzusprechen, zwischen denen die Wellenflächen Querverbindungen herstellen. Und doch sind diese Querverbindungen nötig, um die Beugungs- und Interferenzerscheinungen zu verstehen, die an denselben Teilchen mit derselben Handgreiflichkeit demonstriert werden können — u. zw. ganz im großen, nicht etwa bloß erschlossen aus den theoretischen Vorstellungen über das Atominnere, von denen vorhin die Rede war. Wohl liegen die Verhältnisse so, daß man in jedem konkreten Einzelfall immer gerade durchkommt, ohne daß die zwei verschiedenen Aspekte zu verschiedenen Erwartungen über den Ausgang bestimmter Experimente führen. Aber mit solchen alten, lieben und unentbehrlich scheinenden Begriffen wie „wirklich" oder „bloß möglich" kommt man nicht durch, man kann nie sagen, was wirklich *ist* oder was wirklich *geschieht*, sondern bloß, was im konkreten Einzelfall *zu beobachten* sein wird. — Ob man sich damit dauernd wird begnügen müssen...? Prinzipiell gewiß. Prinzipiell ist ja die Forderung auch gar nicht neu, daß die exakte Wissenschaft letzten Endes nur die Beschreibung des wirklich Beobachtbaren zu erstreben hat. Die Frage ist nur, ob man von nun an darauf wird verzichten müssen, die Beschreibung wie bisher anzuknüpfen an eine klare Hypothese darüber, wie die Welt wirklich beschaffen ist. Viele wollen den Verzicht schon heute aussprechen. Aber ich glaube, man macht sich die Sache dadurch ein bißchen zu leicht.

Der Grundgedanke der Wellenmechanik | 101

Ich würde den gegenwärtigen Stand unserer Erkenntnis folgendermaßen kennzeichnen. Der Strahl oder die Teilchenbahn entspricht einem *longitudinalen* Zusammenhang des Ausbreitungsvorganges (d. h. *in der* Richtung der Ausbreitung), die Wellenfläche dagegen einem *transversalen* Zusammenhang, d. h. *senkrecht* dazu. *Beide* Zusammenhänge sind ohne Zweifel wirklich, der eine wird durch die photographierten Teilchenbahnen, der andere durch die Interferenzexperimente bewiesen. Sie beide in einem einheitlichen Bild zu erfassen, ist uns bis jetzt noch nicht gelungen. Nur in extremen Fällen überwiegt entweder der transversale, schalenförmige oder der strahlige, longitudinale Zusammenhang so sehr, daß wir mit dem Wellenbild allein oder mit dem Partikelbild allein auszukommen *glauben.*

Unsere Vorstellung von der Materie

1. Die Krise. Vorschau

Der Titel dieses Vortrages wurde mir (in der französischen Fassung) vom Comité vorgeschlagen. Ich habe ihn gern übernommen. Aber bevor ich versuche, ihm, so gut ich kann, gerecht zu werden, muß ich *zwei* Dinge vorausschicken. *Erstens* kann der Physiker heute innerhalb seines Forschungsgebietes nicht mehr in sinnvoller Weise zwischen Materie und irgend etwas anderem unterscheiden. Wir stellen ihr nicht mehr Kräfte und Kraftfelder als etwas davon Verschiedenes gegenüber, sondern wir wissen, daß die Begriffe in eins zu verschmelzen sind. Wohl nennen wir ein Raumgebiet frei von Materie, nennen es leer, wenn dort nichts weiter ist als ein Schwerefeld. Aber es gibt das nicht wirklich, denn selbst weit draußen im Weltraum ist Sternenlicht, und das *ist* Materie. Auch sind nach Einstein Schwere und Massenträgheit gleichartige Dinge und darum nicht wohl voneinander zu trennen. Unser heutiger Gegenstand ist also eigentlich das Gesamtbild, das sich die Physik von der raum-zeitlichen Wirklichkeit macht.

Der *zweite* Punkt ist der: Dieses Bild der materiellen Wirklichkeit ist heute so schwankend und unsicher wie es schon lange nicht gewesen ist. Wir wissen sehr viele interessante Details, erfahren jede Woche neue. Aber aus den Grundvorstellungen solche herauszusuchen, die wirklich feststehen, und daraus ein klares, leichtfaßliches Gerüst aufzubauen, von dem man sagen könnte: so ist es ganz bestimmt, das glauben wir heute alle — ist ein Ding der Unmöglichkeit. Eine weitverbreitete Lehrmeinung geht dahin, daß es ein objektives Bild der Wirklichkeit in irgendeinem früher geglaubten Sinn überhaupt nicht geben kann. Nur die Optimisten unter uns (zu denen ich mich selbst rechne) halten das für eine philosophische Verstiegenheit, einen Verzweiflungsschritt angesichts einer großen Krise. Wir hoffen, daß das Schwanken der Begriffe und Meinungen nur einen heftigen Umwandlungsprozeß bedeutet, der schließlich doch zu etwas Besserem führen wird als der wüste Formelkram ist, der heute unseren Gegenstand umstarrt.

Es ist für mich — aber auch für Sie, meine verehrten Zuhörer — recht fatal, daß das Bild der Materie, das ich vor Ihnen aufbauen soll, noch gar nicht existiert, sondern bloß Bruchstücke von mehr oder weniger partiellem Wahrheitswert. Das hat nämlich zur Folge, daß man bei einer solchen Erzählung nicht umhin kann, an einer späteren Stelle dem zu widersprechen, was man an einer früheren gesagt hat; etwa so wie Cervantes einmal den Sancho Pansa sein liebes Eselchen, auf dem er reitet, verlieren läßt, aber ein paar Kapitel später hat der Autor das vergessen und das gute Tier ist wieder da. Um einem ähnlichen Vorwurf zu entgehen, will ich einen kurzen Feldzugsplan entwerfen. Ich werde nachher berichten, wie Max Planck vor über 50 Jahren entdeckt hat, daß die Energie nur in unteilbaren Beträgen von jeweils ganz bestimmter Größe — den Quanten — übertragen wird. Weil aber bald darauf Einstein die Identität von Energie und Masse bewies, so müssen wir uns sagen, daß die uns längst bekannten kleinsten Massenteilchen, die Atome oder Korpuskeln, deren Existenz heute in vielen schönen Experimenten ganz „handgreiflich" gezeigt wird, eben auch Energiequanten sind und, sozusagen, die Entdeckung Plancks um mehr als 2000 Jahre rückdatieren. Sie erscheint dadurch um so gesicherter. Hier wird ein Seitenblick auf die ungeheure Bedeutung dieser Diskretheit oder *Abzählbarkeit* von allem, was ist und was geschieht, geboten sein, weil erst so die berühmte Boltzmannsche statistische Theorie des *irreversiblen* Naturlaufes wirklich durchführbar und klar verständlich wird.

Das ist alles schön und gut und hat gewiß einen hohen Wahrheitswert. Aber dann wird Sancho Pansas Esel zurückkommen — nach mehr als 2000 Jahren. Denn ich werde Sie ersuchen müssen, weder an die Korpuskeln als zeitbeständige

Individuen zu glauben, noch an das sprunghafte Geschehen bei der Übergabe eines Energiequants von einem Träger an einen anderen. Es liegt wohl Diskretheit vor, aber nicht im hergebrachten Sinn von diskreten Einzelteilchen, und schon gar nicht von sprunghaftem Geschehen. Denn das würde anderweitiger gesicherter Erfahrung widersprechen. Die Diskretheit entspringt bloß als eine Struktur aus den Gesetzen, die das Geschehen beherrschen. Diese sind noch keineswegs völlig verstanden; aber ein wahrscheinlich zutreffendes Analogon aus der Physik greifbarer Körper ist die Art, wie etwa die einzelnen Partialtöne einer Glocke sich ergeben aus der begrenzten Gestalt der Glocke und den Gesetzen der Elastizität, denen an sich nichts Diskontinuierliches anhaftet.

2. Einiges über Korpuskeln

Fangen wir also an zu berichten. — Die von Leukipp und Demokrit schon im 5. Jahrhundert vor unserer Zeitrechnung vertretene Anschauung, daß die Materie aus kleinsten Teilchen aufgebaut ist, die sie Atome nannten, hatte um die letzte Jahrhundertwende als *Korpuskulartheorie* der Materie schon sehr bestimmte, in interessante Einzelheiten gehende Form angenommen, welche sich im Laufe etwa des ersten Jahrzehnts immer weiter klärte und befestigte. Um alle die schönen, grundlegend wichtigen Einzelfunde, die auf dem Wege lagen, auch nur kurz zu umreißen, müßte ich dafür allein Ihre Aufmerksamkeit für zwei Stunden in Anspruch nehmen. Den Anfang hatte ja die Chemie gemacht. Noch heute spukt es in einigen Köpfen, als sei die Chemie die ureigenste Sphäre von „Atom" und „Molekül". Aus der sehr hypothetischen, etwas blutleeren Rolle, die sie dort spielten — die Ostwaldsche Schule lehnte sie rundweg ab — wurden sie zum erstenmal zu physikalischer Realität erhoben in der Theorie der Gase von Maxwell und Boltzmann. In einem Gas sind diese Teilchen durch weite Zwischenräume getrennt, aber in heftiger Bewegung begriffen; sie stoßen wieder und wieder zusammen, prallen aneinander zurück usw. Eine genaue Verfolgung dieser Vorgänge in Gedanken führte erstens zu einem vollen Verständnis *aller* Eigenschaften der Gase, der elastischen und thermischen, ihrer inneren Reibung, Wärmeleitung und Diffusion, aber zugleich zu einer festen Begründung der mechanischen Theorie der Wärme als einer mit steigender Temperatur immer heftiger werdenden Bewegung dieser kleinsten Teilchen. Wenn das wahr ist, dann müssen auch kleine, im Mikroskop eben noch sichtbare Körperchen durch die Stöße der umgebenden Moleküle in ständiger Bewegung erhalten werden, die mit steigender Temperatur zunimmt. Diese Bewegung kleiner suspendierter Teilchen hatte Robert Brown (ein Arzt in London) schon 1827 entdeckt, aber erst 1905 zeigten Einstein und Smoluchowski, daß sie quantitativ den Erwartungen entspricht. In diese fruchtbare Periode, rund 10 Jahre vor und nach der Jahrhundertwende, fällt nun noch so vieles eng auf unseren Gegenstand Bezügliche, daß es schwer wird, es sich gleichzeitig vor Augen zu halten. Da war die Entdeckung der Röntgenstrahlen — sehr kurzwelliges „Licht" — und der Kathodenstrahlen — Ströme von negativ geladenen Korpuskeln, den Elektronen. Da war der radioaktive Atomzerfall und die dabei emittierten Strahlen, teils Ströme von Korpuskeln, eben jenen, in deren spontaner Ausstoßung aus dem Verband des Atomkerns der Übergang des Atoms in ein anderes sich vollzieht; teils noch viel kurzwelligeres „Licht", das dabei mit entsteht. Alle die Korpuskeln tragen elektrische Ladung; die Ladung ist stets die von Millikan direkt gemessene sehr kleine elektrische Einheitsladung oder etwa genau das Doppelte oder Dreifache davon. Auch die Massen dieser Teilchen konnten sehr genau gemessen werden, wie übrigens auch die der Atome selber. Die Bestimmung der Massen der Atome, die sogenannte Massenspektrographie, wurde von Aston in Cambridge zu so unerhörter Genauigkeit getrieben, daß er eine uralte Frage mit Sicherheit verneinen konnte: es sind *nicht* ganzzahlige Vielfache einer kleinsten Einheit. Trotzdem dürfen wir uns dieselben, oder genauer gesagt, die schweren, aber sehr kleinen, positiv geladenen Atom*kerne* — die umgebenden negativen Elektronen wiegen fast nichts — vorstellen als aufgebaut aus einer Anzahl von Wasserstoffkernen (Protonen), von denen freilich rund die Hälfte ihre positive Einheitsladung verloren haben (Neutronen). So sind z. B. in einem normalen Kohlenstoffkern 6 Protonen und 6 Neutronen vereinigt. Er wiegt, in einer für den Vergleich bequemen Einheit

Kohlenstoffkern	$12.00053 \pm ..$
gegen Proton	$1.00758 \pm ..$
Neutron	$1.00898 \pm ..$

Die Einheit ist $(1 \cdot 6603 \pm ...) 10^{-24}$ g, interessiert uns aber hier im Augenblick nicht. Wie erklärt sich der *Massendefekt*, der ja in unserem Beispiel schon fast ein Zehntel Einheit beträgt? Aus der *Bindungswärme*, die bei der Vereinigung dieser zwölf Teilchen austritt, und die bei solchen „Kernreaktionen" ungeheuer viel größer ist als bei den altbekannten chemischen Reaktionen. Mit anderen Worten das System verliert potentielle Energie, indem die 12 Teilchen den Anziehungskräften nachgeben, von denen sie hernach fest zusammengehalten werden. Dieser Energieverlust bedeutet nach Einstein, wie schon oben erwähnt, einen Massenverlust. Man nennt das den Packungseffekt. Die Kräfte sind übrigens natürlich nicht die elektrischen — die sind ja abstoßend — sondern die sogenannten Kernkräfte, die viel stärker sind, aber bloß auf ganz kleine Entfernungen (etwa 10^{-13} cm) wirken.

3. Wellenfeld und Partikel; ihr experimenteller Nachweis

Hier ertappen Sie mich schon auf einem Widerspruch. Denn *ich sagte doch anfangs*, daß wir heute nicht mehr neben der Materie, als etwas davon Verschiedenes, Kräfte und Kraftfelder annehmen. Ich könnte mich leicht ausreden und sagen: ja das Kraftfeld einer Partikel wird halt mit zur Partikel

gerechnet. Aber so ist es nicht. Die heute gesicherte Meinung ist vielmehr, daß alles — *überhaupt alles* — zugleich Partikel und Feld ist. Alles hat sowohl die kontinuierliche Struktur, die uns vom Feld, als auch die diskrete Struktur, die uns von der Partikel her geläufig ist. So allgemein ausgedrückt hat diese Erkenntnis ganz bestimmt einen großen Wahrheitswert. Denn sie stützt sich auf unzählige Erfahrungstatsachen. Im einzelnen gehen die Meinungen auseinander, wovon noch zu reden sein wird. — Im besonderen Fall des Kernkraftfeldes ist übrigens seine Partikelstruktur schon so ziemlich bekannt. Es entsprechen ihm sehr wahrscheinlich die sogenannten π-Mesonen, die bei der Zertrümmerung eines Atomkerns unter anderem auftreten und deutlich einzelne Strichspuren in einer photographischen Emulsion hinterlassen. Die Kernteilchen selber, die Nukleonen, wie man das Proton und Neutron mit einem gemeinsamen Namen nennt, die man von Haus aus stets als diskrete Partikeln zu denken gewohnt war, liefern ihrerseits bei anderen Versuchen, wenn sie in Scharen gegen eine Kristallfläche gelenkt werden, Interferenzmuster, die nicht daran zweifeln lassen, daß diesen Nukleonen auch kontinuierliche Wellenstruktur zukommt. Die in allen Fällen gleichmäßige Schwierigkeit, diese zwei so verschiedenen Charakterzüge in *einem* Denkbild zu vereinigen, ist heute immer noch das Haupthindernis, das unsere Vorstellung von der Materie so schwankend und unsicher macht.
Weder die Teilchenvorstellung noch die Wellenvorstellung sind nämlich hypothetisch. Ich erwähnte beiläufig die Strichspuren in der photographischen Emulsion, deren jede uns die Bahn eines Einzelteilchens anzeigt. Noch länger bekannt sind die Strichspuren in der sogenannten Nebelkammer von C. T. R. Wilson. Man kann an diesen Spuren außerordentlich mannigfache und interessante Details im Verhalten der Einzelteilchen beobachten und messend verfolgen: Die Krümmung ihrer Bahn im Magnetfeld (weil sie elektrisch geladen sind); die mechanischen Gesetze beim Zusammenstoß, der sich ungefähr wie bei idealen Billard-

kugeln vollzieht; die Zertrümmerung eines größeren Atomkerns durch den „Volltreffer" eines jener „kosmischen" Teilchen, die aus dem Weltraum kommen, zwar in kleiner Zahl, aber mit einer unerhörten Stoßkraft des Einzelteilchens, oft millionenmal größer als sonst beobachtet oder künstlich erzeugt. Um das letztere bemüht man sich derzeit mit einem ungeheuren Kostenaufwand, welcher der Hauptsache nach von den Länderverteidigungsministerien bestritten wird. Man kann zwar mit einem solchen rasanten Teilchen niemanden erschießen, sonst wären wir ja alle schon tot. Aber ihr Studium verspricht, indirekt, eine beschleunigte Verwirklichung des Plans zur Vertilgung der Menschheit, die uns allen so sehr am Herzen liegt.

Es ist vielleicht gut zu sagen, daß diese interessanten Beobachtungen an Einzelteilchen, die ich in meinem kurzen Resümee unmöglich erschöpfen kann, nur an sehr rasch bewegten Teilchen gelingen. Die Methode der Bahnspuren ist übrigens nicht die einzige. Die älteste können Sie leicht selbst ausprobieren, wenn Sie einmal abends im Finstern, nach Gewöhnung an die Dunkelheit, mit einer Lupe eine leuchtende Ziffer Ihrer Armbanduhr betrachten. Sie werden finden, daß sie nicht gleichförmig hell ist, sondern wogt und wallt, wie manchmal der See in der Sonne glitzert. Jedes aufblitzende Fünkchen wird erzeugt von einem sogenannten Alphateilchen (Helium-Kern), ausgeschleudert von einem radioaktiven Atom, das sich dabei in ein anderes umwandelt. Und das geht so fort viele, viele Jahre lang — bei einer guten Schweizer Uhr. — Ein anderer, zum Studium der kosmischen Strahlen sehr viel verwendeter Apparat ist das Geiger-Müllersche Zählrohr, welches „anspricht", wenn es von einem einzigen wirksamen Teilchen getroffen wird. Das ist sehr wertvoll. Man kann nämlich mit heute ganz geläufigen Methoden dieses „Ansprechen" so verstärken, daß es den Automatismus einer Nebelkammer und den Verschluß eines auf sie gerichteten photographischen Apparates gerade in dem Augenblick auslöst, wenn es in der Kammer was Interessantes zu photographieren geben wird. Das ist eine wich-

tige, aber nicht die einzige Verwendung dieser Zählrohre, von denen oft ein halbes Hundert und mehr in komplizierter Schaltung in einen einzigen Apparat eingebaut werden.
Soviel über die Beobachtung einzelner Partikel. Nun zum kontinuierlichen Feld- oder Wellencharakter. Die Wellenstruktur des sichtbaren Lichtes ist ziemlich grob (Wellenlänge, ganz rund, etwa ein Zweitausendstel Millimeter); sie ist schon seit mehr als einem Jahrhundert sehr eingehend untersucht worden an den Effekten, die auftreten, wenn zwei oder mehrere oder sehr viele Wellenzüge sich durchkreuzen, den Beugungs- und Interferenzerscheinungen. Das vornehmste Mittel zur Analyse und Messung der Lichtwellen ist das Strichgitter, eine Unzahl feiner paralleler Striche eng, in gleichen Abständen, auf einen Metallspiegel geritzt, an denen das aus *einer* Richtung auftreffende Licht gestreut und je nach seiner Wellenlänge in verschiedene Richtungen wieder gesammelt wird. Für die viel, viel kürzeren Wellen des Röntgenspektrums sowie für die „Materiewellen", als welche die Partikelströme hoher Geschwindigkeit sich manifestieren, sind auch die feinsten Strichgitter, die wir ritzen können, etwas grob. Im Jahre 1912 hat Max von Laue das Instrument entdeckt, das seither die exakte Analyse aller dieser Wellen möglich macht, hat es entdeckt im natürlich gewachsenen Kristall. Die Entdeckung war unschätzbar, einzig in ihrer Art. Denn nicht nur enthüllt sie den Bau des Kristalls — eine höchst regelmäßige Anordnung von Atomen, dieselbe Gruppe unzähligemale wiederholt, je in gleichen Abständen in drei Richtungen, „Länge", „Breite" und „Höhe" —, sondern diese Entdeckung war *eins* mit der Verwendung der periodischen Feinstruktur des Kristalls zur Analyse von Wellen — an Stelle eines Strichgitters. Und zwar beachten Sie dies: Die natürliche Struktur des Kristalls kommt uns hier zu Hilfe gerade dort, wo sie, d. h. wo die körnige Struktur der Materie, aller Feinmechanik ein Ende setzt. Gitter solcher Feinheit könnte man nicht ritzen, weil das „Material" zu grob ist. — Mit diesen Kristallgittern wurde nun also zunächst die Wellennatur der Rönt-

genstrahlen festgestellt und ihre Wellenlängen gemessen, und später die von Materiewellen, besonders an Elektronenströmen, aber auch an anderen Partikelströmen, wie Neutronen und Protonen.

4. Quantentheorie: Planck, Bohr, de Broglie

Nun habe ich Ihnen mancherlei von der Struktur der Materie erzählt, aber wir haben immer noch nicht von Max Planck und seiner Quantentheorie gesprochen. Alles, wovon ich bisher berichtet, hätte sich füglich ereignen können auch ohne sie. Wie war es denn nun wirklich? Was hat es mit dieser Quantentheorie auf sich? Ich werde wieder nicht genau den historischen Hergang erzählen, sondern wie etwa die Sache uns heute erscheint.

Planck sagt uns 1900 — und das Wesentliche daran ist bis heute wahr geblieben — daß er die Strahlung von rotglühendem Eisen oder die eines weißglühenden Sterns, wie etwa der Sonne, nur verstehen kann, wenn diese Strahlung bloß portionenweise erzeugt und von einem Träger an den anderen (etwa von Atom zu Atom) portionenweise weitergegeben wird. Das war erstaunlich, denn es handelt sich bei dieser Strahlung um Energie, was ursprünglich ein höchst abstrakter Begriff war, ein Maß der gegenseitigen Einwirkung oder Wirkungsfähigkeit jener kleinsten Träger. Die Einteilung in abgezirkelte Portionen befremdete aufs Höchste — nicht nur uns, auch Planck. Fünf Jahre später sagt uns Einstein, daß Energie Masse hat und Masse Energie ist, daß sie also ein und dasselbe sind — und auch das ist bis heute wahr geblieben. Da fällt es uns wie Schuppen von den Augen: unsere altgewohnten, lieben Atome, Teilchen, Partikel sind Plancksche Energiequanten. *Die Träger jener Quanten sind selbst Quanten.* Es schwindelt einem. Man merkt, es liegt etwas ganz Fundamentales zugrunde, das man noch nicht versteht. Tatsächlich fielen ja auch die vorerwähnten Schuppen nicht plötzlich. Es brauchte 20 oder 30 Jahre. Und ganz sind sie vielleicht bis heute noch nicht gefallen.

Die unmittelbare nächste Folge war weniger weitreichend, aber doch wichtig genug. Niels Bohr lehrte uns 1913, durch eine geistvolle und sinngemäße Verallgemeinerung des Planckschen Ansatzes, die *Linienspektren* der Atome und Moleküle verstehen, und zugleich den Aufbau dieser Teilchen aus schweren positiv geladenen Kernen und leichten, sie umkreisenden Elektronen, deren jedes eine negative Einheitsladung trägt. Dieses wichtige Durchgangsstadium unserer Erkenntnis im einzelnen zu erläutern, muß ich mir hier versagen. Der Grundgedanke ist, daß jedes dieser kleinen Systeme — Atom oder Molekül — nur ganz bestimmte, seiner Natur oder seinem Aufbau entsprechende *diskrete* Energiemengen beherbergen kann; daß es beim Übergang von einem höheren zu einem tieferen „Energieniveau" den Überschuß als ein Strahlungsquant von ganz bestimmter Wellenlänge emittiert, die dem abgegebenen Quantum *umgekehrt proportional* ist (was schon in Plancks ursprünglicher Hypothese enthalten war).

Das bedeutet nun, daß ein Quant von gegebenem Betrag sich in einem periodischen Vorgang von ganz bestimmter *Frequenz* manifestiert, welche dem Quant *direkt proportional* ist (die Frequenz ist gleich dem Energiequant, dividiert durch die berühmte Plancksche Konstante h). Den eigentlich recht naheliegenden Schluß, daß dann wohl mit einer Partikelmasse m, die nach Einstein eine Energie mc^2 hat (c = Lichtgeschwindigkeit), ein Wellenvorgang von der Frequenz $\frac{mc^2}{h}$ assoziiert sein dürfte, zog erst L. de Broglie im Jahre 1925, zunächst für die Masse m des Elektrons. Nur wenige Jahre nach dieser berühmten Doktorarbeit de Broglies wurden die von ihm theoretisch geforderten „Elektronenwellen" experimentell nachgewiesen, in der Art wie ich es schon oben besprochen habe. Dies war der Ausgangspunkt für die bald platzgreifende Erkenntnis, von der ebenfalls schon vorher die Rede war, der Erkenntnis, daß alles — *überhaupt alles* — zugleich Partikel und Wellenfeld ist. Denn, nicht wahr, sobald wir von nun an von einer Partikel der Masse M hören, werden wir damit ein Wellenfeld von der Frequenz $\frac{Mc^2}{h}$ verbinden. Und wo wir einem Wellenfeld der Frequenz v begegnen, werden wir Energiequanten hv, oder was dasselbe ist, Massenquanten $\frac{hv}{c^2}$ damit verknüpfen. So war also die de Brogliesche Dissertation der Ausgangspunkt für die völlige Unsicherheit unserer Vorstellung von der Materie. Sowohl im Partikelbild wie im Wellenbild steckt Wahrheitswert, den wir nicht aufgeben dürfen. Aber wir wissen nicht, sie zu vereinigen.

5. Wellenfeld und Partikel: ihr theoretischer Zusammenhang

Dabei ist der *Zusammenhang* der beiden Bilder in voller Allgemeinheit, mit großer Klarheit und bis zu erstaunlichen Einzelheiten bekannt. An seiner Richtigkeit und Allgemeingültigkeit zweifelt niemand. Bloß über die Vereinigung zu einem einzigen, konkreten, handgreiflichen Bilde sind die Meinungen so sehr geteilt, daß sehr viele dies überhaupt für unmöglich halten. Ich werde den *Zusammenhang* jetzt kurz umreißen. Aber rechnen Sie nicht damit, daß Ihnen daraus solch einheitliches konkretes Bild erwachse; und schieben Sie es weder auf mein Ungeschick in der Darstellung noch auf Ihre eigene Begriffstützigkeit, daß das nicht gelingen wird — denn es ist bisher noch niemandem gelungen.

An einer Welle unterscheidet man zwei Dinge, nämlich *erstens* die Wellenflächen, die so etwas wie ein System von Zwiebelschalen bilden, nur daß sie sich in Richtung senkrecht zu den Schalen (d. h. zu sich selbst) *ausbreiten;* das Analoge in zwei (statt drei) Dimensionen ist Ihnen wohlbekannt von den schönen Wellenkreisen, die etwa auf dem glatten Wasserspiegel eines Teiches von einem hineingeworfenen Stein erzeugt werden. Das *Zweite*, weniger An-

Wellenfeld und Partikel: theoretischer Zusammenhang | 113

schauliche sind dann eben jene gedachten Linien senkrecht zu den Wellenflächen, in deren Richtung an jeder Stelle die Welle fortschreitet, die *Wellennormalen*, die man auch *Strahlen* nennt, indem man einen vom *Licht* geläufigen Ausdruck auf jede Art von Wellen überträgt.

Hier stocke ich. Denn was ich jetzt sagen will und muß, ist zwar wichtig und grundlegend, ja es ist sogar richtig, aber in einem Sinn, den wir so stark einschränken müssen, daß es der vorläufigen Behauptung fast widerspricht. Die vorläufige Behauptung ist: *Diese Wellennormalen oder Strahlen entsprechen den Teilchenbahnen.* Wenn Sie nämlich ein kleines Stückchen aus der Welle herausschneiden, etwa 10 oder 20 Wellen in der Fortschreitungsrichtung und etwa ein ebenso großes Stück quer dazu, und die übrigen Teile der Welle zerstören („glätten"), dann bewegt sich ein solches „Wellenpaket" wirklich entlang eines Strahles und mit genau derjenigen Geschwindigkeit und allenfalls Geschwindigkeitsänderung, wie es von einem Teilchen der betreffenden Art an der betreffenden Stelle unter Rücksicht auf etwa vorhandene Kraftfelder, die auf das Teilchen einwirken, zu erwarten steht.

Wenn wir so im Wellenpaket oder der Wellengruppe für das Teilchen eine Art anschauliches Bild gewinnen, das sich in viele Einzelheiten ausführen läßt (z. B. ist der *Impuls* des Teilchens um so größer je kleiner die Wellenlänge, die beiden sind genau umgekehrt proportional), — so dürfen wir dieses anschauliche Bild doch aus vielen Gründen nicht ganz ernst nehmen. Erstens ist es doch etwas verschwommen, um so verschwommener je größer die Wellenlänge; zweitens liegt ja oft gar nicht ein kleines Paket, sondern eine ausgedehnte Welle vor; endlich können auch ganz kleine „Paketchen" vorliegen von einer Struktur, daß von Wellenflächen und Wellennormalen überhaupt nicht die Rede sein kann, ein wichtiger Fall, auf den ich gleich zurückkomme. Folgende Auffassung scheint mir angemessen und vertretbar, weil weitgehend experimentell gesichert: an jeder Stelle in einem regelmäßig fortschreitenden Wellenzug findet sich ein *zwei-*

facher struktureller Zusammenhang der Wirkungen, die man als „längs" und „quer" unterscheiden mag. Die Querstruktur ist die der Wellenflächen und tritt bei Beugungs- und Interferenzversuchen zutage, die Längsstruktur ist die der Wellennormalen und manifestiert sich bei der Beobachtung einzelner Teilchen. Beides ist völlig sichergestellt durch sinnreiche, jeweils für den besonderen Zweck sorgfältig ausgedachte Versuchsanordnungen.

Allein diese Begriffe der Längsstruktur und Querstruktur sind keine scharfen und keine absoluten, weil die der Wellenflächen und Wellennormalen es nicht sind. Sie gehen notwendigerweise verloren, wenn sich das ganze Wellenphänomen auf einen kleinen Raum von den Abmessungen einer einzigen oder ganz weniger Wellenlängen beschränkt. Dieser Fall ist nun von ganz besonderem Interesse und zwar vor allem bei jenen Wellen, welche nach de Broglie die „zweite Natur" des Elektrons ausmachen. Für sie stellt sich heraus, daß dieser Fall gerade in der Nähe eines positiv geladenen Atomkerns eintreten muß, wobei das Wellenphänomen, eine Art stehender Schwingung, sich auf einen kleinen Raum zurückzieht, für den sich rechnungsmäßig sehr genau die wahre Atomgröße ergibt, die ja anderweitig schon lange recht gut bekannt war. Stehende Wasserwellen ähnlicher Art kann man in einem kleinen Waschbecken erzeugen, etwa indem man mit dem Finger in der Mitte einigermaßen regelmäßig plätschert, oder auch nur dem ganzen Becken einen kleinen Schups gibt, so daß die Wasserfläche hin und her schwankt. Es liegt da keine regelmäßige Wellenausbreitung mehr vor; aber was das Interesse auf sich zieht, sind die *Eigenfrequenzen* dieser stehenden Schwingungen, welche Sie ebenfalls im Waschbecken ganz wohl beobachten können. Für die den Atomkern umspielende Wellengruppe kann man diese Frequenzen berechnen und findet sie ganz allgemein genau gleich den durch die Plancksche Konstante h dividierten „Energieniveaus" der Bohrschen Theorie, die ich vorhin kurz erwähnte. Die geistreichen, aber doch etwas kunstvollen Annahmen jener Theorie, sowie der älteren

Quantentheorie überhaupt, finden so in dem de Broglieschen Wellenphänomen einen sehr viel natürlicheren Ersatz. Das Wellenphänomen bildet den eigentlichen „Körper" des Atoms. Es tritt an die Stelle der einzelnen punktförmigen Elektronen, die im Bohrschen Modell den Kern umschwärmen sollten. Von solchen punktförmigen Einzelteilchen kann innerhalb des Atoms auf keinen Fall die Rede sein, und wenn man sich den Kern selber noch als ein solches denkt, so ist das ein ganz bewußter Notbehelf.

An der Entdeckung, daß die „Energieniveaus" eigentlich nichts weiter als die Frequenzen von Eigenschwingungen sind, scheint mir nun besonders wichtig, daß man so auf die Annahme *sprunghafter Übergänge* verzichten kann, weil ja zwei oder mehr Eigenschwingungen sehr wohl gleichzeitig angeregt sein können. Die Diskretheit der *Eigenfrequenzen* reicht, wie ich wenigstens glaube, vollkommen hin zur Stütze der Überlegungen, von denen Planck ausgegangen war, und vieler ähnlicher, ebenso wichtiger — ich meine, kurz gesagt, zur Stütze der ganzen Quantenthermodynamik.

6. *Quantensprung und Partikelidentität*

Das Ablassen von der *Theorie der Quantensprünge*, die mir persönlich von Jahr zu Jahr unannehmbarer erscheinen, hat freilich erhebliche Konsequenzen. Es bedeutet ja, daß man den Austausch der Energie in abgezirkelten Paketen nicht ernst nimmt, nicht wirklich daran glaubt, sondern ersetzt durch die Resonanz zwischen Schwingungsfrequenzen. Nun haben wir aber gesehen, daß wir, wegen der Identität von Masse und Energie, die Korpuskeln selbst als Plancksche Energiequanten ansehen müssen. Da erschrickt man zunächst. Denn der besagte Unglaube zieht es nach sich, daß wir auch die einzelne Partikel nicht als ein wohlabgegrenztes Dauerwesen ansehen dürfen.

Daß sie das nun in Wirklichkeit nicht ist, dafür gibt es noch manche andere Gründe. Erstens werden solch einem Teilchen schon seit langem Eigenschaften zugeschrieben, die damit im Widerspruch stehen. Aus den oben nur flüchtig erwähnten Bilde des „Wellenpakets" kann man sehr leicht die berühmte Heisenbergsche Unschärferelation ablesen, nach welcher ein Teilchen nicht gleichzeitig an einem ganz bestimmten Ort sein und eine scharf bestimmte Geschwindigkeit haben kann. Selbst wenn diese Unschärfe gering wäre — und sie ist es gar nicht — zieht sie nach sich, daß man nie mit apodiktischer Gewißheit zweimal dasselbe Teilchen beobachtet. Ein anderer sehr stichhaltiger Grund, der Einzelpartikel die identifizierbare Dasselbigkeit abzusprechen, liegt in folgendem. Wenn wir in einer theoretischen Überlegung mit zwei oder mehr Teilchen derselben Art zu tun haben, beispielsweise mit den zwei Elektronen eines Heliumatoms, dann müssen wir *ihre Individualität verwischen*, sonst werden die Resultate einfach falsch, stimmen nicht mit der Erfahrung. Wir müssen zwei Situationen, die sich nur durch Rollentausch der zwei Elektronen unterscheiden, nicht etwa bloß als gleich — das wäre selbstverständlich —, sondern wir müssen sie als eine und dieselbe zählen; zählt man sie als zwei gleiche, so kommt Unsinn. Dieser Umstand wiegt schwer, weil er für jede Art von Partikel in beliebiger Anzahl ohne jede Ausnahme gilt und weil er allem, was man in der alten Atomtheorie darüber dachte, stracks zuwiderläuft.

Daß die Einzelpartikel kein wohlabgegrenztes Dauerwesen von feststellbarer Identität oder Dasselbigkeit ist, wird ebenso wie die hier angeführten Gründe für die völlige Unzulässigkeit dieser Vorstellung wohl von den meisten Theoretikern zugegeben. Trotzdem spielt in ihren Vorstellungen, Überlegungen, Gesprächen und Schriften das Einzelteilchen immer noch eine Rolle, der ich nicht beipflichten kann. Noch viel tiefer verwurzelt ist die Vorstellung von den sprunghaften Übergängen, den „Quantensprüngen", wenigstens nach den Worten und Redewendungen, die sich stehend eingebürgert haben; freilich in einer sehr verklausulierten Fachsprache, deren gutbürgerlicher Sinn oft schwer zu fassen ist. Zum ständigen Vokabular gehört beispielsweise die Übergangs*wahrscheinlichkeit*. Man kann aber von der Wahrscheinlichkeit eines Ereignisses doch wohl nur reden, wenn man denkt, daß es zuweilen auch wirklich eintritt. Und diesfalls, da man von *Zwischenzuständen* nichts wissen will, muß der Übergang wohl ein plötzlicher sein. Auch könnte er ja, wenn er Zeit gebrauchte, durch eine unvorhergesehene Störung in der Hälfte unterbrochen werden; dann wüßte man gar nicht, woran man ist, die angeblich scharfe und fundamentale Begriffsbildung bekäme ein Loch. In dieser Begriffsbildung spielt überhaupt die Wahrscheinlichkeit eine alles beherrschende Rolle. Das schwerempfundene Dilemma Welle-Korpuskel soll sich so auflösen, daß aus dem Wellenfeld lediglich die *Wahrscheinlichkeit* zu errechnen sei, eine Korpuskel von bestimmten Eigenschaften an einer bestimmten Stelle anzutreffen, wenn man dort nach einer solchen sucht. Diese Ausdeutung mag den Befunden mit besonderen, sinnreich ausgedachten Versuchsanordnungen an äußerst hochfrequenten Wellen („ultraschnellen Korpuskelströmen") ganz angemessen sein. Ich meine diejenige, die ich an früherer Stelle als Beobachtung an einzelnen Teilchen anführte. In den *Strichspuren*, die man Teilchenbahnen nennt, tritt zweifellos ein *longitudinaler* Wirkungszusammenhang, entlang der Wellennormalen, zutage. Ein solcher ist aber bei der Ausbreitung einer Wellenfront durchaus zu erwarten. Ihn aus der Wellenvorstellung zu verstehen, besteht jedenfalls mehr Aussicht, als umgekehrt den *transversalen* Wirkungszusammenhang der Interferenz und Beugung aus dem Zusammenwirken diskreter Einzelteilchen, wenn man den Wellen die Realität abspricht und bloß eine Art *informativer* Rolle zuerkennt.

7. *Wellenidentität*

Reale Existenz ist nun freilich ein von vielen philosophischen Hunden fast zu Tode gehetztes Wort, dessen einfache, naive Bedeutung uns beinahe abhanden gekommen ist.

Drum will ich hier noch an etwas anderes erinnern. Wir sprachen davon, daß eine Korpuskel kein Individuum ist. Man beobachtet eigentlich nie *dieselbe* Partikel ein zweites Mal — so ähnlich wie das Herakleitos vom Fluß sagte. Man kann ein Elektron nicht kennzeichnen, nicht „rot anstreichen", und nicht nur das, man darf sie sich nicht einmal gekennzeichnet *denken*, sonst erhält man durch falsche „Abzählung" auf Schritt und Tritt falsche Ergebnisse — für die Struktur der Linienspektren, in der Thermodynamik u. a. m. Im Gegensatz dazu ist es aber ganz leicht, einer *Welle* individuelle Struktur aufzuprägen, an der sie mit voller Sicherheit wiedererkannt wird. Denken Sie nur etwa an die Leuchtfeuer zur See. Nach einem bestimmten Code ist jedem seine Lichtfolge vorgeschrieben, etwa 3 Sekunden Licht, 5 Sekunden Dunkel, 1 Sekunde Licht, wieder 5 Sekunden Pause und dann wieder Licht für 3 Sekunden usw. Der Schiffer weiß: Das ist San Sebastian. Ähnliches gilt für Heulbojen, nur sind es da Schallwellen. Oder: Sie telephonieren drahtlos mit einem guten Freund in New York; sobald er hineinspricht „Halloh, grüetsi, hier isch Eduard Meier", wissen Sie, daß seine Stimme der Radiowelle eine Struktur aufgeprägt hat, die fünftausend Meilen weit zu Ihnen gewandert und mit Sicherheit von jeder anderen zu unterscheiden ist. Man braucht aber gar nicht so weit zu gehen. Wenn die Gattin aus dem Garten heraufruft, „Franz", ist es ganz dasselbe, bloß sind es Schallwellen, die Reise ist kürzer, dauert aber etwas länger. Unsere ganze sprachliche Verständigung beruht auf aufgeprägter individueller Wellenstruktur. Und welche Fülle von Einzelheiten in rascher Folge übermittelt uns nach demselben Prinzip das kinematographische Bild oder das Fernsehbild!

Nun handelt es sich hier freilich um verhältnismäßig grobe Wellenstrukturen, denen man vielleicht nicht die einzelnen Korpuskeln gegenüberstellen sollte, sondern die handgreiflichen Körper in unserer Umgebung. Und diese haben nahezu alle eine sehr ausgesprochene Individualität; mein altes Taschenmesser, meinen alten Filzhut, das Zürcher Münster usw. habe ich hundertmal mit Sicherheit wiedererkannt. Aber in bemerkenswerter Weise findet sich jenes Charakteristikum, daß man dem Wellenphänomen, im Gegensatz zur Korpuskel, Individualität zuzuschreiben hat, auch schon bei den Elementarwellen. *Ein* Beispiel muß genügen. Man kann sich ein abgegrenztes Volumen etwa von Heliumgas entweder aus vielen Heliumatomen bestehend denken, oder *anstatt dessen* aus einer Überlagerung elementarer Wellenzüge von Materiewellen. Beide Anschauungsweisen führen zu denselben Ergebnissen für das Verhalten des Gaskörpers bei Erwärmung, Kompression usw. Aber man muß bei gewissen ziemlich umständlichen *Abzählungen*, die in beiden Fällen vorzunehmen sind, verschieden vorgehen. Wenn man sich als Denkbild der Teilchen, der Heliumatome, bedient, so darf man ihnen, wie ich schon vorhin sagte, keine Individualität zuschreiben. Das schien anfangs sehr erstaunlich und hat zu langen Kontroversen geführt, die aber längst beigelegt sind. Dagegen bei der zweiten Betrachtungsweise, die *anstatt* der Teilchen die Materiewellenzüge ins Auge faßt, kommt jedem derselben eine angebbare Struktur zu, verschieden von der jedes anderen. Wohl gibt es sehr viele Paare, die einander so ähnlich sind, daß sie ihre Rollen tauschen können, ohne daß man es dem Gaskörper von außen anmerkt. Wollte man aber die *sehr vielen* ähnlichen Zustände, die so entstehen, bloß als einen einzigen *zählen*, so erhielte man etwas ganz Falsches.

8. Schlußwort

Daß trotz alledem, was ich zuletzt vorgebracht habe und was ja eigentlich von niemand geleugnet wird, die engverknüpften Begriffe des *Quantensprungs* und der *Einzelkorpuskel* noch nicht aus dem Vokabular und auch nicht aus dem Denkbild des Physikers verschwunden sind, das mag Sie vielleicht wundernehmen. Sie finden die Aufklärung, wenn Sie überlegen, daß die Auffassung, zu der wir zuletzt gelangt sind und der wir etwa vom letzten Drittel meines heutigen Vortrags an zugesteuert sind, viele Einzelheiten über die Struktur der Materie, die ich in den ersten zwei Dritteln vorbrachte, aufhebt oder doch in ihrer eigentlichen Bedeutung in Frage stellt. Aber ich konnte — ohne unerträgliche Weitschweifigkeit *konnte* ich gar nicht anders als mich zunächst einer Sprache bedienen, die ich eigentlich nicht für angemessen halte. Wie kann man das Gewicht eines Kohlenstoffkerns und eines Wasserstoffkerns je auf mehrere Dezimalen genau angeben und feststellen, daß jener um ein Geringes leichter ist als die zwölf in ihm vereinigten Wasserstoffkerne, ohne vorläufig den Standpunkt zu akzeptieren, daß diese Teilchen etwas ganz konkret Wirkliches sind? Das ist so viel bequemer und anschaulicher, daß man darauf nicht verzichten kann, wie der Chemiker auf seine Valenzstriche nicht verzichtet, obwohl er genau weiß, daß sie eine drastische Vereinfachung recht verwickelter wellenmechanischer Sachverhalte sind.

Fragen Sie mich zuletzt: Ja was *sind* denn nun aber wirklich diese Korpuskeln, diese Atome und Moleküle? — so müßte ich eigentlich ehrlich bekennen, ich weiß es so wenig als wo Sancho Pansas zweiter Esel hergekommen ist. Um aber doch etwas, wenn auch nicht Gewichtiges zu sagen: am ehesten darf man sie sich vielleicht als mehr oder weniger vorübergehende Gebilde innerhalb des Wellenfeldes denken, deren Gestalt aber, und strukturelle Mannigfaltigkeit im weitesten Sinne des Wortes, so klar und scharf und stets in derselben Weise wiederkehrend durch die Wellengesetze bestimmt ist, daß vieles sich so abspielt, *als ob* es substantielle Dauerwesen wären. Die so genau angebbare Masse und Ladung des Teilchens muß man dabei mit zu den durch die Wellengesetze bestimmten *Gestalt*elementen rechnen. *Erhaltung* von Ladung und Masse im großen hätte als ein statistischer Effekt zu gelten, gestützt auf das „Gesetz der großen Zahl".

Was ist ein Elementarteilchen?

1. Es ist kein Individuum

Die Atomistik in ihrer heutigen Gestalt hat, unter dem Namen „Quantenmechanik", ihren Denkbereich von gewöhnlicher Materie auf alle Arten von Strahlung, mit Einschluß des Lichtes, erweitert. Sie umfaßt, kurz gesagt, alle Erscheinungsformen der Energie, von denen gewöhnliche Materie nur eine ist. Die „Atome" dieser neuen Atomistik sind die Elektronen, Protonen, Photonen, Mesonen und wie sie alle heißen mögen. Man faßt sie zusammen unter dem Namen Elementarteilchen oder kurz Teilchen (Partikel). Die Bezeichnung „Atom" wird vernünftigerweise beibehalten für die „chemischen Atome", obwohl der ursprüngliche Wortsinn (atomos = unteilbar) sich hier als unzutreffend erwiesen hat.

Dieser Aufsatz beschäftigt sich mit dem Begriff des Elementarteilchens, u. zw. im besonderen mit einem Zug, den derselbe in der Quantenmechanik angenommen — vielleicht sollte ich besser sagen verloren hat. Ich meine dieses, daß das Teilchen kein Individuum mehr ist, daß es nicht identifiziert werden kann, daß es der „Dasselbigkeit" ermangelt. Die Tatsache ist jedem Physiker bekannt, wird aber nur selten hervorgehoben, jedenfalls nicht in Darstellungen, die für jemand anderen als einen Spezialforscher lesbar sind. Der Fachjargon trägt ihr durch die Aussage Rechnung, daß die Teilchen einer neumodischen Statistik „gehorchen", entweder der Bose-Einsteinschen oder der Fermi-Diracschen. Es liegt durchaus nicht auf der Hand, daß damit — wie es tatsächlich der Fall ist — die Anwendung des unverdächtigen Beiwortes „dies" auf, sagen wir, ein Elektron im eigentlichen Sinn ausgeschlossen wird. Nur bei vorsichtiger Einschränkung des Sinns ist das identifizierende Fürwort anwendbar, und das nicht immer. Ich setze mir hier zum

Ziel, diesen Sachverhalt zu erläutern und ins Licht zu rücken, wie er es verdient. Um jedoch für unsere Überlegungen einen Hintergrund zu gewinnen, wollen wir in den folgenden Abschnitten 2—5 kurz zusammenfassen, was man in der neuen Physik über Teilchen und Wellen gewöhnlich zu hören bekommt.

2. Gangbare Darstellung: Verschmelzung von Teilchen und Wellen

Der Aufbau unseres physikalischen Weltbilds hatte auf zwei Arten von Gebilden geführt, Teilchen und Wellen. Das wichtigste, wo nicht einzige, Beispiel der letzteren waren die Maxwellschen Wellen elektromagnetischer Energie, welche die im Rundfunk verwendeten, ferner das Licht, Röntgenstrahlen und Gammastrahlen umfassen. Materielle Körper sollten aus Teilchen aufgebaut sein. Auch hatte man freie Ströme solcher Teilchen kennengelernt in den Kathodenstrahlen, Betastrahlen, Alphastrahlen, Anodenstrahlen, die man unter dem Begriff der körperlichen oder Korpuskularstrahlen zusammenfaßte. Teilchen sollten Wellen aussenden und verschlucken können. So senden z. B. die Elektronen eines Kathodenstrahlbündels Röntgenstrahlen aus, wenn sie durch Zusammenstöße mit Atomen abgebremst werden. Allein die Unterscheidung zwischen Teilchen und Wellen galt für ebenso scharf wie etwa die zwischen einer Geige und ihren Klängen. Wer im Examen die Kathodenstrahlen als Wellen oder die Röntgenstrahlen als Teilchenströme bezeichnete, hätte schlecht abgeschnitten.

In der neu orientierten Physik ist diese Unterscheidung gefallen. Es hat sich nämlich herausgestellt, daß alle Teilchen auch die Eigenschaften von Wellen haben, und umgekehrt. Nicht etwa daß man die eine oder die andere Vorstellung aufzugeben hätte, vielmehr muß man die beiden verschmelzen. Welche sich uns aufdrängt, dafür kommt es nicht auf das untersuchte Objekt an, sondern auf die Versuchsanordnung. So erzeugt beispielsweise ein Kathodenstrahlbündel einerseits in einer sog. Wilsonschen Nebelkammer einzelne diskrete Reihen von Wassertröpfchen, u. zw. in Form gerader Striche; nur wenn ein die Elektronen ablenkendes Magnetfeld angelegt war, sind diese Nebelspuren entsprechend gekrümmt. Wir können sie unmöglich anders deuten denn als Wegspuren einzelner Elektronen. Wenn wir andererseits dasselbe Bündel auf ein senkrecht in seinen Weg gestelltes kleines Röhrchen mit Kristallpulver auffallen lassen, hinter dem wir in einiger Entfernung, senkrecht zum Bündel, eine photographische Platte aufstellen, so entsteht auf dieser ein Bild in Form konzentrischer Kreise. Dieses kann man in allen Einzelheiten aus der Interferenz abgebeugter Wellen verstehen. Eine andere Deutung ist ausgeschlossen, gleicht die Erscheinung doch auch völlig der auf dieselbe Art mit Röntgenstrahlen hervorgerufenen. Es erhebt sich sogar der Verdacht: sind die kegelmantelförmigen Strahlensysteme, die offenbar das System konzentrischer Kreise auf der Platte hervorrufen, überhaupt Kathodenstrahlen, nicht etwa sekundäre Röntgenstrahlen? Aber dem ist nicht so. Nicht nur läßt sich das ganze System von Kreisen mittels eines Magneten ablenken — der ja Röntgenstrahlen nicht beeinflußt; man könnte sogar mittels einer Lochblende in einem Bleischirm, den man an die Stelle der photographischen Platte setzt, ein klares Bündelchen aus einem der Kegel herausfangen und daran alle die typischen „Teilcheneigenschaften" der Kathodenstrahlen nachweisen, die Erzeugung diskreter Nebelstriche in einer Wilson-Kammer, ruckweises Ansprechen eines sogenannten Geiger-Müller-Zählrohrs, schließlich die negative Aufladung eines sogenannten Faradayschen Käfigs, wenn man das Bündelchen in einem solchen auffängt.

Ein ungeheures Beobachtungsmaterial bestärkt uns in der Überzeugung, daß „Welleneigenschaften" und „Partikeleigenschaften" *niemals* getrennt vorkommen, immer vereint, und zwar so, daß sie verschiedene *Seiten* derselben Erscheinung bilden — und das gilt für alle physikalischen

Erscheinungen schlechthin. Auch ist die Vereinigung nicht von lockerer, äußerlicher Art. Wir würden ihr nicht gerecht, wenn wir etwa dächten, Kathodenstrahlen bestünden aus Teilchen *und* Wellen. In der Frühzeit der neuen Theorie wurde vorgeschlagen, sich die Teilchen als besonders ausgezeichnete Stellen in den Wellenfronten vorzustellen, als das, was der Mathematiker singuläre Punkte nennt. Die Schaumkämme bei mäßigem Seegang sind etwas einigermaßen Ähnliches. Doch wurde dieser Gedanke sehr bald fallen gelassen. Es hat den Anschein, als ob sowohl der Wellenbegriff als auch der des Teilchens einer recht erheblichen Abänderung bedürfen, wenn man zu einer eigentlichen Verschmelzung der beiden gelangen will.

3. Gangbare Darstellung: Das Wesen der Wellen

Unter den Wellen, so heißt es, darf man sich nicht eigentliche reale Wellen vorstellen. Allerdings geben sie Anlaß zu Interferenzerscheinungen, welche im Falle des Lichtes, wo sie schon seit langem bekannt sind, als der entscheidende Beweis galten, der alle Zweifel an der Wirklichkeit der Lichtwellen beseitigte. Trotzdem heißt es jetzt, man habe alle Wellen, auch die des Lichtes, doch besser als „Wahrscheinlichkeitswellen" anzusehen. Sie sollen lediglich eine mathematische Konstruktion sein zur Berechnung der Wahrscheinlichkeit, das Teilchen — oder vielleicht „ein" Teilchen — in bestimmten Umständen anzutreffen; im obigen Beispiel etwa die Wahrscheinlichkeit dafür, daß irgendein bestimmter kleiner Bezirk auf der photographischen Platte einen Elektronentreffer erhält. Als dauernde Spur davon bleibt ein entwickeltes Silberkorn. Die Interferenzfigur ist aufzufassen als topographisch-statistische Aufzeichnung der erfolgten Treffer. In diesem Zusammenhang werden die Wellen dann zuweilen wohl auch „Führungswellen" genannt, sofern sie die Teilchen auf ihren Bahnen dirigieren oder führen sollen. Aber die Führung soll keine zwangsläufige, bloß eine wahrscheinlichkeitsmäßige sein. Die saubere Interferenzfigur ist ein statistisches Ergebnis, dessen völlige Bestimmtheit auf der ungeheuer großen Zahl der Teilchen beruht.

Hier kann ich mich nicht enthalten, alsogleich einem Einwand Raum zu geben, der zu naheliegend ist, um sich nicht auch dem aufmerksamen Leser aufzudrängen. Etwas, das auf das physische Verhalten von etwas anderem Einfluß nimmt, darf in gar keinem Betracht für weniger real gelten als das Etwas, auf welches es Einfluß nimmt — welche Bedeutung auch immer wir dem gefährlichen Epitheton „real" beimessen mögen. Es ist ganz gewiß gut, sich dann und wann in Erinnerung zu rufen, daß die quantitativen Modelle und Bilder der Physik erkenntnistheoretisch bloß mathematische Konstruktionen zur Berechnung beobachtbarer Sachverhalte sind. Aber es will mir nicht eingehen, daß diese Überlegung etwa auf eine Lichtwelle mehr Anwendung habe als etwa auf ein Sauerstoffmolekül.

4. Gangbare Darstellung: Das Wesen der Teilchen (Unbestimmtheitsrelation)

Bei der, wie wir sagten, notwendigen Abänderung des Teilchenbegriffes liegt das Hauptgewicht auf der Heisenbergschen Unbestimmtheitsrelation. Die jetzt sogenannte klassische Mechanik ist aufgebaut auf der von Galilei und Newton gemachten Entdeckung, daß dasjenige, was an einem bewegten Körper in jedem Augenblick durch die anderen Körper in seiner Umgebung bestimmt wird, ganz allein und gerade genau seine *Beschleunigung* ist — mathematisch gesprochen die *zweiten* Differentialquotienten seiner Lage-Koordinaten nach der Zeit. Die ersten Differentialquotienten — in gewöhnlicher Sprache seine Geschwindigkeit — müssen deshalb mit zum augenblicklichen Zustand des Körpers gerechnet und als Bestimmungsstücke in die Beschreibung des Zustands mit aufgenommen werden, ganz ebenso wie die

Lage-Koordinaten selber, welche seinen augenblicklichen Ort im Raum angeben, seine „Örtlichkeit", wie wir sagen wollen, um die zwei Zustandsdaten durch Worte von ähnlichem Klang zu bezeichnen. Es waren also, um den augenblicklichen Bewegungszustand eines Teilchens zu beschreiben, zwei unabhängige Angaben erforderlich, die Koordinaten und ihre ersten Ableitungen, Örtlichkeit und Geschwindigkeit. Nach der neuen Theorie braucht man weniger und hat man weniger. Jedes von beiden läßt sich zwar mit beliebiger Genauigkeit angeben, wofern man keinen Wert auf das andere legt. Aber beides zusammen läßt sich nicht mit voller Genauigkeit feststellen. Ja man darf sich nicht einmal *vorstellen*, daß beide zugleich im selben Augenblick völlig scharfbestimmte Werte haben. Es ist als ob sie einander gegenseitig verwischten. Allgemein gesprochen, wenn man die beiden Unschärfenbereiche multipliziert, so kann dieses Produkt einen bestimmten festen Wert nicht unterschreiten. Für ein Elektron ist dieser Wert zufällig ungefähr Eins, wenn man die Länge in Zentimetern und die Zeit in Sekunden mißt. Das heißt also, wenn die Geschwindigkeit eines Elektrons mit einem Spielraum von bloß einem Zentimeter pro Sekunde feststeht, ist seine Örtlichkeit zumindest in einem Spielraum von einem Zentimeter verwischt. Das Befremdende ist nicht, daß solche Spielräume überhaupt auftreten, denn das Teilchen könnte ja einen Raumbereich ohne scharfe Begrenzung und von wechselnder Ausdehnung erfüllen und innerhalb desselben an verschiedenen Stellen verschiedene Geschwindigkeit aufweisen. Dann aber würde man erwarten, daß im Falle scharfer Örtlichkeit auch eine scharfbestimmte Geschwindigkeit sich einstelle, und vice-versa. Tatsächlich verhält es sich gerade umgekehrt.

5. Gangbare Darstellung: Die Bedeutung der Unbestimmtheitsrelation

Diese befremdende und sicherlich ganz grundlegende Behauptung ist in zweifacher Art mit anderen Teilen der Theorie verknüpft. Man wird auf sie geführt, wenn man erklärt, daß ein Teilchen mit seiner Führungswelle äquivalent ist und keine anderen Eigenschaften besitzt als die, die sich aus der Führungswelle auf Grund eines bestimmten Schlüssels ablesen lassen. Dieser Schlüssel ist einfach genug. Die Örtlichkeit wird angegeben durch den Raumbereich, den die Welle einnimmt, der Spielraum der Geschwindigkeit wird durch den Bereich der Wellenzahlen angezeigt. „Wellenzahl" ist eine Abkürzung für den Reziprokwert der Wellenlänge. Jeder Wellenzahl entspricht ein Geschwindigkeitswert, welcher dazu einfach proportional ist. Dies ist der Schlüssel. Es ist eine mathematisch triviale Sache, daß zum Aufbau einer Wellengruppe Wellen aus einem um so größeren Wellenzahlbereich nötig sind, je kleiner die Gruppe sein soll.

Ein anderer Weg ist der, daß man das experimentelle Vorgehen überlegt, welches zur Feststellung der Örtlichkeit oder der Geschwindigkeit führt. Jeder Meßvorgang involviert einen Energieaustausch des Teilchens mit irgendwelchem Meßapparat, letzten Endes mit dem Beobachter selber, der eine Ablesung macht. Dies bedeutet einen faktischen physischen Eingriff an dem Teilchen. Diese Störung kann nicht beliebig klein gemacht werden, weil Energie nicht kontinuierlich, sondern portionenweise ausgetauscht wird. Wenn wir nun eines der beiden Dinge, Örtlichkeit oder Geschwindigkeit, messen, dann soll, so heißt es, das andere um so empfindlicher gestört werden, je größer die angestrebte Meßgenauigkeit. Sein Wert wird verschwommen innerhalb eines Wertbereichs, welcher umgekehrt proportional ist dem bei der Messung der ersteren mit in Kauf genommenen Fehlerbereich.

Nach dem Wortlaut jeder der beiden Überlegungen könnte

man denken, daß die mangelnde Bestimmtheit sich auf unser bestenfalls erlangbares Wissen um das Teilchen bezieht, nicht auf dessen Beschaffenheit. Die Aussage, daß wir eine meßbare physikalische Größe durch Störung verändern, involviert logisch, daß diese Größe vor wie nach der Messung je einen bestimmten Wert *besitzt*, wir mögen ihn nun kennen oder nicht. Und bei der ersten Überlegung, die von einer Führungswelle spricht, fragt man sich, wie sollte die das Teilchen auf seiner Bahn führen, wenn es keine Bahn hat; die Behauptung, die Welle gebe die Wahrscheinlichkeit dafür an, das Teilchen entweder bei A oder bei B oder bei C ... anzutreffen, scheint doch zu involvieren, daß das Teilchen sich an einem oder nur an einem dieser Orte *befindet;* ähnliches gilt von der Geschwindigkeit (und die Welle soll wirklich beide Arten von Wahrscheinlichkeit angeben, die eine durch ihre räumliche Erstreckung, die andere durch den Bereich ihrer Wellenzahlen). Allein die gangbare Auffassung will von derlei Implikationen nichts wissen. Sie legt Nachdruck auf das Wort „anzutreffen". Der Umstand, daß wir das Teilchen an der Stelle A antreffen, soll nicht involvieren, daß es sich schon vorher dort befunden habe. Man gibt uns ungefähr zu verstehen, daß wir es durch unseren Meßvorgang dorthin gebracht oder es dort „zusammengeballt" und zugleich seine Geschwindigkeit gestört haben. Und das letztere soll keineswegs involvieren, daß die Geschwindigkeit einen bestimmten Wert „besaß". Was wir gestört oder abgeändert haben, ist bloß die Wahrscheinlichkeit, diesen oder jenen Geschwindigkeitswert *festzustellen*, wenn wir eine Geschwindigkeitsmessung vornehmen. Alle auf das wirkliche „Sein" oder „Besitzen" bezüglichen Folgerungen seien Mißverständnisse, die auf ein Versagen des sprachlichen Ausdrucks zurückgehen. Philosophischer Positivismus wird herbeigerufen, um uns darüber zu belehren, daß man nicht unterscheiden darf zwischen der Kenntnis, die man von einem physischen Objekt erlangen kann, und dessen wirklicher Beschaffenheit. Die beiden Dinge sind eines.

6. Kritisches zur Unbestimmtheitsrelation

Ich will hier diese Lehrmeinung des philosophischen Positivismus nicht diskutieren. Dem pflichte ich ganz und gar bei, daß die Unbestimmtheitsrelation nichts mit unvollständigem Wissen zu tun hat. Wohl schränkt sie den Umfang dessen, was sich über ein Teilchen in Erfahrung bringen läßt, ein, verglichen mit den früher herrschenden Vorstellungen. Die daraus zu ziehende Folgerung ist, daß diese falsch waren und aufzugeben sind. Man darf nicht glauben, daß die von ihnen erheischte vollständigere Beschreibung des wirklichen Geschehens in der Körperwelt zwar denkbar, bloß praktisch unerreichbar wäre. Das würde heißen, daß man doch an der alten Vorstellung festhält. Was hingegen keineswegs mit Notwendigkeit folgt, ist, daß unsere Aussagen und Überlegungen nicht mehr die Form eines Nachdenkens darüber, was tatsächlich in der Körperwelt vor sich geht, haben dürfen. Uns diese als wirklich vorzustellen, ist uns zur bequemen Denkgewohnheit geworden. Ihr folgen im täglichen Leben alle, sogar jene Philosophen, die sie theoretisch verwarfen, wie Bischof Berkeley. Aber diese theoretische Kontroverse bewegt sich in einer anderen Ebene. Die Physik hat damit nichts zu schaffen. Den Ausgangspunkt der Physik bilden Erfahrungen des Alltags, welche sie mit verfeinerten Hilfsmitteln weiterführt. Jenen bleibt sie verhaftet, überschreitet sie nicht der Art nach, vermag nicht in ein anderes Reich vorzudringen. Physikalische Entdeckungen können für sich allein m. E. nicht das Gewicht haben, um der Gewohnheit, die Körperwelt als etwas Wirkliches vorzustellen, ein Ende zu setzen.

Mir scheint der Sachverhalt dieser. Man hat von der früheren Theorie die Vorstellung des Teilchens und das ganze darauf bezügliche wissenschaftliche Vokabular übernommen. Diese Vorstellung ist inadäquat. Sie treibt unser Denken beständig dazu an, nach Auskünften zu verlangen, die offenbar keinen Sinn haben. Ihre gedankliche Struktur weist Züge auf, die an dem wirklichen Teilchen nicht vorkommen. Ein adäqua-

tes Bild darf uns nicht durch diesen beunruhigenden Drang belästigen, muß unfähig sein, mehr in sich aufzunehmen, als es gibt, muß jede weitere Zutat ausschließen. Die allgemeine Meinung heute scheint zu sein, daß kein solches Bild sich finden läßt. Als Indizienbeweis mag man freilich darauf hinweisen, daß noch keines aufgefunden worden *ist*, — ein Umstand, an dem leider auch der vorliegende Aufsatz nichts ändern wird. Doch lassen sich für jenen Mißerfolg einige Gründe geben, abgesehen von der tatsächlichen Verwickeltheit des Falles. Das dem philosophischen Positivismus entstammende Palliativ, das für einen vernünftigen Ausweg ausgegeben wurde, ist schon sehr früh und von höchst beachtenswerter Seite verabreicht worden. Es schien uns der weiteren Suche nach etwas, das ich wirkliches Verstehen nennen würde, zu überheben; ja durch Bestrebung in dieser Richtung kam man in den Verdacht eines unphilosophischen Kopfes, eines kindlichen Gemüts, das seinem verlorenen Lieblingsspielzeug — dem Bild oder Modell — nachweint und sich nicht damit abfinden will, daß es für immer dahin ist. Des weiteren gebe ich zu bedenken, daß die Schwierigkeit vielleicht eng mit dem eigentlichen Gegenstand des vorliegenden Aufsatzes zusammenhängen mag, zu dem wir uns nun ohne weiteren Verzug wenden wollen. Wir werden sehen, daß das Teilchen kein identifizierbares Individuum ist. Es mag darum wohl sein, daß sich wirklich kein isoliertes Einzelgebilde ersinnen läßt, welches den oben erhobenen Ansprüchen an ein „adäquates Bild" gerecht wird.
Es ist keineswegs leicht, diesen „Mangel an Individualität" sich zu vergegenwärtigen und in Worte zu fassen. Dafür ist es bezeichnend, daß die Wahrscheinlichkeitsdeutung, wenn sie nicht in den Ausdrücken einer höchst abstrakten mathematischen Fachsprache formuliert wird, uns darüber im Zweifel läßt, ob die Welle über ein Einzelteilchen Auskunft gibt oder über eine Teilchengesamtheit. Es ist nicht immer ganz klar, ob sich die Auskunft auf die Wahrscheinlichkeit bezieht, beispielsweise in einem ins Auge gefaßten kleinen Raumteil „das" Teilchen oder „ein" Teilchen anzutreffen,

oder schließlich auf die wahrscheinlich oder im Mittel darin anzutreffende Zahl von Teilchen. Dabei ist die gangbarste Auffassung des Wahrscheinlichkeitsbegriffes ohnedies geeignet, solche Unterschiede zu verwischen. Freilich steht, wie angedeutet, exaktes mathematisches Rüstzeug zu Gebote, um ihnen Rechnung zu tragen. Dabei stellt sich nun etwas heraus, was von allgemeinem Interesse ist, weshalb ich kurz darauf eingehen will. Im Jahre 1926 wurde von mir eine Methode angegeben, das „Problem vieler Teilchen" zu behandeln. Sie macht Gebrauch von Wellen in einem vieldimensionalen Raum, einer Mannigfaltigkeit von $3N$ Dimensionen, wenn es sich um N Teilchen handelt. Tiefere Einsicht hat andere zur Verbesserung dieser Methode geführt. Der Schritt, der dazu führt ist außerordentlich bedeutungsvoll. Das viel-dimensionale Verfahren wird durch sogenannte „zweite Quantelung" abgelöst. Diese läuft mathematisch genau darauf hinaus, daß man alle die Fälle $N = 1, 2, 3, \ldots$ (in infinitum) des viel-dimensionalen Verfahrens in eine einzige Formulierung zusammenfaßt, die in bloß drei Dimensionen spielt. Das Verfahren ist außerordentlich geistvoll und schließt auch die „neuen Statistiken" in sich, die uns weiter unten in viel einfacherer Gestalt beschäftigen werden. Es ist der einzig präzise Ausdruck für die heute herrschende Theorie und steht überall in Gebrauch. Was daran für unseren Zusammenhang hier außerordentlich bezeichnend ist, ist dies, daß man nicht vermeiden kann, die *Anzahl* der Teilchen, mit denen man es zu tun hat, unbestimmt zu lassen. Es liegt dann auf der Hand, daß es sich nicht um Individuen handeln kann.

7. *Der Begriff eines Stückes Materie*

Ich will hier eine Auffassung von der Materie und der Körper-Welt auseinandersetzen, zu welcher *Ernst Mach*[1], *Bertrand*

---

[1] *Mach, Ernst:* „Erkenntnis und Irrtum". Erste Auflage, J. A. Barth, Leipzig 1905.

Russell[2]) und andere durch sorgfältige Begriffsanalyse geführt wurden. Sie unterscheidet sich von der landläufigen. Doch handelt es sich nicht um den psychologischen Ursprung des Materiebegriffs, vielmehr um seine erkenntnistheoretische Zergliederung. Die Auffassung ist so einfach, daß sie kaum Anspruch erheben kann, ganz neu zu sein; einige Vorsokratiker, darunter der „materialistische" Demokrit, standen ihr näher als die Geistesheroen des 17., 18. und 19. Jahrhunderts, welche die Naturwissenschaften zu neuem Leben riefen und gestalteten[3]).

Nach dieser Auffassung ist ein Stück Materie die Benennung für einen zusammenhängenden „Strang" von Ereignissen, die sich zeitlich aneinanderreihen, wobei unmittelbar aufeinanderfolgende im allgemeinen engste Ähnlichkeit haben. Das einzelne „Ereignis" ist ein unentwirrbarer Komplex von Sinnesempfindungen, Erinnerungsbildern, die sich daran knüpfen, und Erwartungen, die sich an beide vorigen knüpfen. Der Anteil der Sinne überwiegt, wenn es sich um einen unbekannten Gegenstand handelt, etwa um einen weißen Fleck an der Landstraße, der ein Stein sein könnte, oder Schnee oder Salz, eine Katze oder ein Hund, ein weißes Hemd, eine Bluse, ein verlorenes Taschentuch. Allein schon da wissen wir meistens aus allgemeiner Erfahrung in dem anschließenden „Ereignisstrang" von denjenigen Veränderungen abzusehen, die von der Bewegung des eigenen Leibes, insbesondere vom Wechsel der Blickrichtung herrühren. Sobald wir erkennen, um was für ein Ding es sich handelt, gewinnen Vorstellungen und Erwartungen die Oberhand. Letztere betreffen Empfindungen wie hart, weich, schwer, biegsam, rauh, glatt, kalt, salzig usw., die sich an ein vorgestelltes Befühlen und Handhaben knüpfen; auch betreffen sie spontane Bewegungen und Geräusche, wie bellen, miauen, rufen usw. Man beachte, daß hier noch nicht von unseren

---

[2]) *Russell, Bertrand:* „Human Knowledge, Its Scope and Limits" Allen und Unwin, London 1948.
[3]) *Diels, Hermann:* „Die Fragmente der Vorsokratiker" (Demokritos). Weidmannsche Buchhandlung, Berlin 1903.

Gedanken und Überlegungen über das Objekt die Rede ist, sondern von etwas, das als untrennbarer Bestandteil zu seiner *Wahrnehmung* gehört, zu dem, was es für uns *ist*. Freilich ist die Grenze fließend. In dem Maße als wir mit dem Stück Materie mehr und mehr vertraut werden, uns insbesondere seiner wissenschaftlichen Erfassung nähern, erweitert sich auch der Bereich unserer darauf bezüglichen Erwartung, um zuletzt alle wissenschaftlich gesicherte Kenntnis davon zu umfassen, wie Schmelzpunkt, Löslichkeit, Leitvermögen, Dichte, chemische Formel, Kristallstruktur und vieles andere mehr. Zugleich tritt der jeweilige Kern von Sinnesempfindungen immer mehr an Bedeutung zurück nach Maßgabe unserer Vertrautheit mit dem Objekt, mag diese nun von wissenschaftlicher Erkenntnis oder täglichem Umgang herrühren.

8. Individualität oder „Dasselbigkeit"

Sobald ein gewisser Schatz von Assoziationen den sinnlichen Kern zu überstrahlen anhebt, ist dieser nicht länger vonnöten, um den Komplex zusammenzuhalten. Er bleibt bestehen, auch wenn der sinnliche Kontakt mit dem Gegenstand zeitweilig aufhört. Und mehr als das: der Komplex bleibt latent bestehen, auch wenn der „Strang" unterbrochen wird, weil wir uns von dem betreffenden Objekt abwenden zu anderen und gar nicht mehr daran denken. Und zwar ist das keine Ausnahme, sondern die ausnahmslose Regel, da wir doch zuweilen schlafen. Doch haben wir uns vorteilhafterweise gewöhnt, diese Lücken auszufüllen. Die fehlenden Stücke jener Stränge, die Gegenstände unserer näheren und ferneren Umgebung bilden, ergänzen wir für die Zeitspannen, während welcher wir sie weder beobachten noch an sie denken. Wenn ein vertrautes Objekt wieder in unseren Gesichtskreis tritt, erkennen wir es im allgemeinen wieder als eine Fortsetzung früherer Fälle seines Auftretens, wir anerkennen es als *dasselbe* Ding. Die erhebliche Dauerhaftigkeit körperlicher Individuen ist der bedeutungsvollste Zug sowohl des Alltagslebens als auch der wissenschaftlichen Erfahrung. Wenn ein mir gut bekanntes Inventarstück meines Zimmers, sagen wir ein irdener Krug, daraus verschwindet, bin ich *ganz sicher*, daß jemand ihn weggenommen haben muß. Taucht er nach einiger Zeit wieder auf, so mag ich im Zweifel sein, ob es wirklich derselbe Krug ist — für zerbrechliche Gegenstände trifft das unter den genannten Umständen zuweilen nicht zu. Vielleicht bin ich außerstande, die Frage zu entscheiden. Allein darüber werde ich keinesfalls im Zweifel sein, daß die bezweifelte „Dasselbigkeit" einen unbestreitbaren Sinn hat — daß es eine unzweideutige Antwort auf meine Frage *gibt*. So fest ist unser Glaube an die Kontinuität der nicht beobachteten Teile der „Stränge"!

Die Vorstellung von der Individualität einzelner Stücke von Materie stammt zweifellos aus unvordenklichen Zeiten. Ich möchte denken, daß auch Tiere sie in gewisser Weise haben; sie tritt deutlich zutage an einem Hund, der nach seinem Spielknochen sucht, den man ihm versteckt hat. Die Wissenschaft hat die Vorstellung als etwas Selbstverständliches übernommen; sie hat sie verfeinert, so daß auch allen Fällen scheinbaren Verschwindens von Materie leicht Rechnung getragen wird. Die Vorstellung, daß ein Stück Holz, wenn es verbrennt, sich zuerst in Feuer, dann in Asche und Rauch verwandelt, liegt dem primitiven Denken nicht fern. Die Wissenschaft hat ihr festere Gestalt gegeben: wenn auch das Gesamtbild der Materie Änderungen unterworfen ist, ihre letzten Bestandteile sind es nicht. Dies war — ungeachtet seiner erwähnten skeptischen Anwandlungen — die Lehre des Demokrit. Für ihn wie für Dalton unterlag es keinem Zweifel, daß jedes Atom, welches sich vorher im Holzblock befand, darnach entweder in der Asche oder im Rauch anzutreffen ist.

9. Was dies für die Atomistik ausmacht

Diese Auffassung muß nach der neuen Wendung, welche in der Atomistik durch die Arbeiten von Heisenberg und von de Broglie aus dem Jahr 1925 eingeleitet wurde, aufgegeben werden. Es ist dies die überraschendste Enthüllung, die bei der Weiterbildung ihrer Ideen zutage trat, ein Zug, der auf weite Sicht die schwerwiegendsten Folgen zu zeitigen nicht verfehlen kann. Tatsachen der Beobachtung zwingen uns, wenn wir die Atomvorstellung beibehalten wollen, die letzten Bestandteile der Materie aus der Kategorie identifizierbarer Individuen auszuschließen. Bis in die jüngste Zeit haben, soviel mir bekannt, die Atomtheoretiker aller Jahrhunderte die in Rede stehende Charakteristik von den sichtbaren und greifbaren Teilen der Materie auf die Atome übertragen, welche sie weder sehen, noch tasten, noch sonstwie einzeln beobachten konnten. Heute sind wir in der Lage, einzelne Elementarteilchen zu beobachten, wir sehen ihre Bahnspuren in der Nebelkammer sowie — bei Versuchen, von denen oben *nicht* die Rede war — in einer photographischen Emulsion, wir stellen die praktisch gleichzeitigen Entladungen fest, die ein einzelnes schnelles Teilchen in zwei oder drei Geigerschen Zählrohren auslöst, welche in mehreren Metern Entfernung hintereinander aufgestellt sind. Dennoch sind wir genötigt, dem Teilchen die Würde eines schlechthin identifizierbaren Individuums abzuerkennen. Wenn früher ein Physiker gefragt wurde, aus welchem Stoff denn die Atome selbst bestünden, durfte er lächeln und ausweichend antworten. Wenn aber der Frager durchaus wissen wollte, ob er sie sich als kleine unveränderliche Stückchen von gewöhnlicher Materie vorstellen dürfe, so wie sie sich dem vorwissenschaftlichen Denken darstellten, durfte man ihm sagen, das habe zwar wenig Sinn, aber es könne nichts verschlagen. Die ehedem bedeutungslose Frage hat heute Sinn bekommen. Die Antwort ist ein entschiedenes Nein. Dem Atom fehlt das allerprimitivste Merkmal, an das wir bei einem Stück Materie im gewöhnlichen eben denken.

Manche ältere Philosophen würden, wenn ihnen der Fall vorgelegt werden könnte, sagen: eure neumodischen Atome bestehen überhaupt aus keinem Stoff, sie sind reine Form.

10. *Die Bedeutung der neuen Statistiken*

Nun müssen wir endlich darangehen, die Gründe für diese veränderte Stellungnahme in verständlicherer Form darzutun, als am Ende des sechsten Abschnitts geschehen ist. Sie stützt sich auf die sogenannten neuen Statistiken. Deren gibt es zwei. Das eine ist die Bose-Einsteinsche Statistik, deren Neuheit und Erheblichkeit zuerst von Einstein unterstrichen wurde. Das andere ist die Fermi-Diracsche Statistik, die ihren prägnantesten Ausdruck im Paulischen Ausschließungsprinzip findet. Ich will versuchen, all diese Dinge und ihr Verhältnis zur alten klassischen oder Boltzmannschen Statistik für einen Leser auseinanderzusetzen, der noch nie davon gehört hat und sich vielleicht den Kopf zerbricht, was „Statistik" überhaupt mit unserem Thema zu tun hat. Ich will ein Beispiel aus dem Alltagsleben verwenden. Es mag kindlich einfach anmuten, zumal wir ganz kleine Zahlen wählen müssen, damit sich die Rechnung leicht übersehen lasse — ich werde zwei und drei nehmen. Aber davon abgesehen, ist das Gleichnis vollkommen angemessen und gibt den wirklichen Sachverhalt wieder.
Drei Schuljungen, Hans, Heinz und Kurt, haben eine Belohnung verdient. Der Lehrer hat zwei Preise unter sie zu verteilen. Bevor er es tut, will er sich klarmachen, *wie viele verschiedene Verteilungen überhaupt möglich sind*. Dies ist die einzige Frage, die wir hier untersuchen — wofür er sich schließlich entscheidet, interessiert uns nicht. Es ist eine statistische Frage: Abzählen der Anzahl verschiedener Verteilungsmöglichkeiten. Der springende Punkt ist, daß die Antwort davon abhängt, worin die Preise bestehen. Drei verschiedene Arten von Preisen sollen uns die drei Arten von Statistik vor Augen führen.

a) Die zwei Preise sind zwei Denkmünzen mit dem Bild Newtons beziehungsweise Shakespeares. Der Lehrer kann dann „Newton" entweder dem Hans oder dem Heinz oder dem Kurt geben, und er kann „Shakespeare" entweder dem Hans oder dem Heinz oder dem Kurt geben. Das gibt drei mal drei, also neun Verteilungen (klassische Statistik).

b) Die zwei Preise sind zwei, als unteilbar anzusehende, Schillinge. Diese können dann zwei verschiedenen Jungen gegeben werden, wobei der dritte, Hans, Heinz oder Kurt, leer ausgeht. Neben diesen drei Möglichkeiten gibt es drei weitere: entweder Hans oder Heinz oder Kurt erhält zwei Schillinge. Also gibt es jetzt insgesamt sechs verschiedene Verteilungen (Bose-Einstein Statistik).

c) Die zwei Preise bestehen darin, daß in der Fußballmannschaft, die für die Schule spielen soll, zwei Mann fehlen. Für sie können zwei von den Jungen eintreten, der dritte geht leer aus. Also gibt es hier drei verschiedene Verteilungen (Fermi-Dirac-Statistik).

Vorab sei bemerkt: die *Preise* stellen Teilchen vor, zwei Teilchen derselben Sorte in jedem Falle; die Knaben stellen Zustände vor, in denen sich so ein Teilchen befinden kann. „Newton" wird dem Hans gegeben heißt also: das Teilchen „Newton" hat den Zustand Hans.
Man beachte, daß unsere Abzählung in jedem Fall natürlich, logisch und unanfechtbar ist. Sie ist eindeutig bestimmt durch die Art der Dinge, um die es sich handelt: Denkmünzen, Schillinge, Mitgliedschaften. Sie gehören zu verschiedenen Kategorien. Denkmünzen sind wohlunterscheidbare Individuen. Schillinge sind das für den vorliegenden Zweck nicht. Doch sind sie als Besitztum noch eines Plurals fähig. Es macht einen Unterschied, ob man *einen* Schilling hat oder zwei oder drei. Es bedeutet nichts, wenn zwei Knaben ihre Schillinge tauschen. Aber es macht einen Unterschied, wenn einer dem anderen seinen Schilling abtritt. Bei Mit-

gliedschaften hat weder das eine noch das andere einen Sinn. Man gehört entweder zu einer gewissen Gruppe oder nicht. Man kann ihr nicht zweifach angehören.

Es ist experimentell sichergestellt, daß statistische Abzählungen an Elementarteilchen niemals nach dem Schema a, sondern entweder nach b oder nach c vorzunehmen sind. Nach Einigen soll für echte Elementarteilchen stets c gelten. Solche Teilchen, beispielsweise Elektronen, entsprechen der Mitgliedschaft bei einem Klub, u. zw. dem abstrakten Begriff der Mitgliedschaft, nicht den Mitgliedern. Jeder zum Klubmitglied Geeignete stellt einen wohldefinierten Zustand dar, den ein Elektron annehmen kann. Ist er wirklich Mitglied, so heißt das, ein Elektron befindet sich in diesem Zustand. Nach dem Paulischen Ausschließungsprinzip kann es nie mehr als *ein* Elektron in einem bestimmten Zustand geben. Unser Gleichnis gibt das wieder, indem es doppelte Mitgliedschaft für bedeutungslos erklärt, wie sie es in den meisten Klubs wohl ist. Im Laufe der Zeit wechselt der Mitgliederstand, die Mitgliedschaft heftet sich an andere Personen: die Elektronen haben andere Zustände angenommen. Ob man gewissermaßen sagen darf, eine bestimmte Mitgliedschaft sei von Heinz auf Fritz, dann von Fritz auf Karl übergegangen, hängt von den Umständen ab. Sie können diese Auffassung nahelegen oder nicht, aber nie in ganz eigentlichem Sinn. Darin ist unser Gleichnis zutreffend, denn genauso verhält es sich mit einem Elektron. Auch ist es völlig angemessen, sich die Zahl der Mitglieder schwankend zu denken. Denn auch Elektronen können „erzeugt" und „vernichtet" werden.

Das Beispiel mag seltsam, ja verdreht erscheinen. Ich glaube den Einwand zu hören: „Warum kann man denn nicht die Menschen den Elektronen und die verschiedenen Klubs deren Zuständen entsprechen lassen?" Ich bedaure, das geht nicht. Und das ist gerade der Kernpunkt. Es ist unmöglich, das wirkliche statistische Verhalten der Elektronen durch irgendein Gleichnis nachzuahmen oder zu versinnbildlichen, in welchem ihnen identifizierbare *Dinge* entsprechen.

Darum eben folgt aus ihrem wirklichen statistischen Verhalten, daß es nicht identifizierbare Dinge sind.
Der Fall b, der die Einstein-Bosesche Statistik darstellt, trifft unter anderem für Lichtquanten (Photonen) zu. Ihn brauchen wir kaum zu erörtern. Er mutet uns weit weniger seltsam an, u. zw. zum guten Teil aus historischen Gründen, nämlich eben weil das Licht, das heißt elektromagnetische Energie, mit hierher gehört; und von der Energie hatte man sich schon vor dem Aufkommen der Quantentheorie ungefähr die Vorstellung gemacht, die unser Gleichnis mit dem Geld zum Ausdruck bringt.

11. Der eingeschränkte Identitätsbegriff

Den heikelsten Punkt bilden die Zustände, etwa die Zustände eines Elektrons. Sie dürfen natürlich nicht klassisch definiert werden, sondern mit Berücksichtigung der Unbestimmtheitsrelation. Die strenge Behandlung, von der gegen Ende von Abschnitt 6 die Rede war, stützt sich nicht wirklich auf den Begriff „Zustand eines Elektrons", sondern auf den „Zustand der Elektronengesamtheit". Man muß gewissermaßen die ganze Liste der Klubmitglieder auf einmal ins Auge fassen, ja die Listen mehrerer Klubs, entsprechend den verschiedenen Sorten von Teilchen, aus denen das in Rede stehende physikalische System sich aufbaut. Ich erwähne dies, nicht um näher darauf einzugehen, sondern um ein reines Gewissen zu haben. Im besonderen sei auf zwei schwache Punkte des Vergleichs mit einem Klub hingewiesen. Erstens sind die möglichen Zustände eines Elektrons — welche durch die zur Mitgliedschaft geeigneten Personen dargestellt werden — nicht absolut bestimmt, sondern hängen von der wirklichen oder vorgestellten, Versuchsanordnung ab. Bei gegebener Versuchsanordnung sind die Zustände wohldefinierte Individuen — was die Elektronen eben nicht sind. Der zweite schwache Punkt des Vergleichs ist, daß die Zustände eine wohlgeordnete Mannigfaltigkeit bilden.

Das soll heißen, es hat Sinn, von benachbarten Zuständen zu sprechen, im Unterschied von solchen, die weiter voneinander ab liegen. Ferner darf man, wie ich glaube, behaupten, daß diese Wohlordnung stets auf solche Art vorgenommen werden kann, daß im allgemeinen immer, wenn ein besetzter Zustand besetzt zu sein aufhört, ein ihm benachbarter besetzt wird.

So erklärt es sich, daß unter günstigen Umständen lange „Stränge" von sukzessive besetzten Zuständen auftreten können, ähnlich denen, von denen im Abschnitt 7 und 8 die Rede war. Solch ein Strang erweckt dann den Eindruck eines identifizierbaren Individuums genau wie bei den Gegenständen unserer täglichen Umgebung. So haben wir die Wegspuren in der Nebelkammer oder in einer photographischen Schicht aufzufassen und ebenso die praktisch gleichzeitigen Entladungen in einer Reihe von Geigerschen Zählrohren. Im letzteren Fall sagen wir, daß die Entladungen von *demselben* Teilchen ausgelöst werden, das ein Zählrohr nach dem anderen durchfliegt. In solchen Fällen wäre es außerordentlich unbequem, auf diese kurze Ausdrucksweise zu verzichten. Wir haben auch keinen Anlaß, sie auszumerzen, wofern wir uns nur vor Augen halten, daß auf Grund gesicherter Tatsachen die „Dasselbigkeit" eines Teilchens kein absoluter Begriff ist. Sie hat immer nur einen beschränkten Sinn und läßt uns in anderen Fällen völlig im Stich.

Unter welchen Umständen diese beschränkte Identität zutage treten wird, ist ziemlich naheliegend, nämlich dann, wenn bloß wenige Zustände besetzt sind in dem Bereich der Zustandsmannigfaltigkeit, mit dem wir es jeweils zu tun haben; mit anderen Worten, wenn in diesem Bereich die besetzten Zustände nicht zu dicht gedrängt sind oder wenn „Besetztsein" ein seltenes Vorkommnis ist, wobei die Ausdrücke „wenig", „dichtgedrängt", „selten" sich alle auf die Zustandsmannigfaltigkeit beziehen. Andernfalls wird durch ein unentwirrbares Durchkreuzen der Stränge der wahre Sachverhalt aufgedeckt. Im letzten Abschnitt werden wir die zahlenmäßige Bedingung für das Auftreten der eingeschränkten Individualität angeben. Jetzt fragen wir uns, was passiert, wenn sie verwischt ist.

12. Anhäufung und Wellenvorstellung

Man gewinnt den Eindruck, daß in dem Maße als die Individualität der Teilchen durch ihre Anhäufung untergeht, die Teilchenvorstellung überhaupt immer weniger am Platze ist und durch die Wellenvorstellung ersetzt werden muß. So erreicht beispielsweise in der Elektronenhülle eines Atoms oder Moleküls die Anhäufung ihren äußersten Grad, indem innerhalb eines gewissen Zustandsbereichs alle Zustände wirklich von Elektronen eingenommen werden. Dasselbe gilt von den sogenannten freien Elektronen im Inneren eines Metalls. Tatsächlich läßt uns in diesen beiden Fällen die Teilchenvorstellung ganz im Stich. Im Gegensatz dazu begegnet uns in einem gewöhnlichen Gas der Fall äußerster Verdünnung der Moleküle in dem weiten Zustandsbereich, über den sie verstreut sind. Nur etwa *ein* Zustand von 10000 ist wirklich besetzt. Und in der Tat konnte es die Gastheorie, gestützt auf die Teilchenvorstellung, zu großer Vollendung bringen, lange bevor die Wellennatur gewöhnlicher Materie bekannt war. (In dieser letzten Bemerkung haben wir so getan, als ob die Moleküle Elementarteilchen wären; das darf man, soweit es sich nur um ihre fortschreitende Bewegung handelt.)
Das könnte dazu verleiten, den beiden Rivalen, der Teilchen- und der Wellenvorstellung, unumschränkte Zuständigkeit in den beiden Grenzfällen zu erteilen, bei äußerster Verdünnung bzw. dichtester Häufung. Dadurch würden sie gewissermaßen getrennt, und man hätte sich nur um eine Art Übergangsvorstellung für das Zwischengebiet umzusehen. Der Gedanke ist nicht völlig verkehrt, aber er trifft bei weitem nicht das Richtige. Denken wir an die Interferenzfigur, die wir im zweiten Abschnitt als Beweis für die Wellennatur des Elektrons anführten. Man kann sie mit einem beliebig

schwachen Kathodenstrahlbündel erzeugen, wofern man bloß lange genug exponiert. Hier kommt also ein typisches Wellenphänomen zustande, gleichviel wie dicht die Teilchen gedrängt sind. Ein anderes Beispiel: die sachgemäße theoretische Behandlung des Zusammenstoßes von zwei, ob nun gleichartigen oder verschiedenen Teilchen muß mit ihrer Wellennatur rechnen. Die Ergebnisse werden mit Fug und Recht angewendet auf die Zusammenstöße kosmischer Strahlteilchen mit Atomkernen in der Atmosphäre, wiewohl beide in jedem Sinn des Wortes äußerst verdünnt sind. Aber das ist eigentlich trivial. Seine weitgehende Isolierung, durch die uns vorübergehend ein Individuum vorgespiegelt wird, gibt uns noch nicht das Recht, das wirkliche Teilchen als ein klassisches zu behandeln. Es bleibt der Unbestimmtheitsrelation unterworfen, die einzig und allein durch die „Führungswelle" einigermaßen veranschaulicht wird.

13. Die Bedingung für die Angebrachtheit der Partikelvorstellung

Folgendes ist die quantitative Bedingung für das Auftreten von „Strängen", welche Individuen vortäuschen und die Partikelvorstellung nahelegen: das Produkt zwischen dem Impuls p und der mittleren Entfernung benachbarter Teilchen l muß einigermaßen groß sein, verglichen mit der Planckschen Konstante h

$$pl \gg h.$$

(Der Impuls p ist der Begriff, den wir eigentlich in den Abschnitten 4 und 5 hätten verwenden sollen, als wir die Unbestimmtheitsrelation erörterten; p ist einfach das Produkt aus der Masse und der Geschwindigkeit, außer wenn letztere mit der des Lichtes vergleichbar wird.)

Ein großer Wert von l bedeutet eine geringe Dichte im gewöhnlichen Raum. Worauf es aber ankommt, ist die Dichte in der Zustandsmannigfaltigkeit oder im „Phasenraum", wie der Fachausdruck heißt. Das bringt den Impuls p ins

Die Bedingung der Partikelvorstellung | 143

Spiel. Mit Befriedigung erinnern wir uns daran, daß jene sehr handgreiflichen „Stränge" — sichtbare Wegspuren in der Nebelkammer oder in der photographischen Schicht, gleichzeitige Entladungen hintereinander gereihter Zählrohre — durchweg von Teilchen mit verhältnismäßig großem Impuls herrühren.

Die obige Beziehung ist aus der Gastheorie geläufig, wo sie die Bedingung ausdrückt, die in sehr guter Annäherung erfüllt sein muß, wenn die alte klassische „Partikeltheorie der Gase" in sehr guter Annäherung zutreffen soll. Sie muß quantentheoretisch modifiziert werden, wenn die Temperatur sehr niedrig und zugleich die Dichte sehr hoch ist, so daß das Produkt pl nicht mehr für sehr groß gegen h gelten kann. Die modifizierte Theorie heißt Theorie der Gasentartung, wovon die berühmteste Anwendung die von A. Sommerfeld auf die Elektronen im Inneren eines Metalles ist: wir haben den Fall vorhin erwähnt als ein Beispiel für extreme Anhäufung von Teilchen.

Zwischen unserer Beziehung und der Unbestimmtheitsrelation besteht folgender Zusammenhang.

Letztere erlaubt uns jederzeit „ein Teilchen von seinen Nachbarn zu unterscheiden", indem wir seine Örtlichkeit so genau feststellen, daß die Unschärfe erheblich kleiner ist als der mittlere Teilchenabstand l. Aber das zieht eine Unsicherheit des Impulses p nach sich, infolge deren bei der Fortbewegung des Teilchens die Unsicherheit über seinen Ort zunimmt. Verlangt man nun, daß letztere immer noch reichlich klein gegen l bleiben soll, wenn das Teilchen sich um die Strecke l fortbewegt hat, so wird man genau auf unsere obige Beziehung geführt.

Bei alledem muß man sich vor der falschen Auffassung hüten, als würde die Anhäufung der Teilchen bloß *uns* es unmöglich machen, ihre Identität festzustellen, oder als würden bloß *wir* die Teilchen miteinander verwechseln. Das Wesentliche ist gerade, daß es gar nicht Individuen sind, die man vertauschen, verwechseln oder eins für das andere halten könnte. Alle derartigen Redewendungen sind sinnlos.

Erwin Schrödinger, 1887—1961

Erwin Schrödinger wurde am 12. August 1887 in Wien geboren. Sein Vater war Wiener, seine Vorfahren mütterlicherseits stammten aus England. Kindheit und Jugend (1887 bis 1910) standen vor allem unter dem Einfluß des Vaters, der dem heranwachsenden Sohn Freund, Lehrer und unermüdlicher Gesprächspartner war. Die Mutter war sehr gut, heiter von Natur, leider kränkelnd und dem Leben gegenüber hilflos, aber auch anspruchslos.
Bis zum elften Jahr genoß Schrödinger Heimunterricht bei einem Volksschullehrer, dann besuchte er das Akademische Gymnasium in Wien. Der Unterricht war vorzüglich. Schrödinger war immer Klassen-Erster, liebte Mathematik und Physik, aber auch die strenge Logik der alten Grammatiken. Er liebte die deutschen und ausländischen Dichter, besonders die Dramatiker, und war ein begeisteter Verehrer des Wiener Burgtheaters und seiner großen Schauspieler.
Während der vier Universitätsjahre in Wien (1906—1910) hatte den stärksten Einfluß auf den jungen Physiker *Fritz Hasenöhrl* ausgeübt, der damals Nachfolger von Ludwig Boltzmann war. Hasenöhrl erörterte in seiner Antrittsvorlesung mit knappen, klaren und begeisternden Worten den Gedankengang von Boltzmanns Lebensarbeit. Dem jungen Studenten hat die Schilderung einen tiefen intellektuellen Eindruck gemacht, von dem sich sein Denken nie wieder getrennt hat.
Dann kam der erste Weltkrieg, den Schrödinger als Artillerieoffizier an der Südwestfront mitmachte. Leider fiel sein geliebter und hochverehrter Lehrer Hasenöhrl im Oktober 1915 an der italienischen Front bei Folgarina. Anläßlich der Nobelpreisübernahme (1933) sagte Schrödinger: „... wäre Hasenöhrl nicht gefallen, so stünde er wohl jetzt an meiner Stelle."
1920 heiratete Schrödinger eine Salzburgerin und ging im

April mit ihr nach Jena, wo Max Wien damals einen jungen Wissenschaftler brauchte, der in der neueren Theorie genug Bescheid wußte, um sie vorzutragen. Nach je einem Semester in Jena (Universität), Stuttgart (Technische Hochschule) und Breslau (Universität) kam Schrödinger als Ordinarius an der Universität in Zürich für sechs Jahre zur Ruhe. Dort entstand 1926 die sogenannte Wellen-Mechanik. Seine Vorgänger in Zürich waren A. Einstein und Max v. Laue. In Zürich erfreute er sich des Kontaktes, der Freundschaft und Hilfe Hermann Weyls, Peter Debyes und vieler anderer. 1927 wurde Schrödinger als Nachfolger von Max Planck nach Berlin berufen. Zwei große Hochschulen, die Physikalische Reichsanstalt, die Kaiser-Wilhelm-Institute, das Astrophysikalische Observatorium in Potsdam, die bedeutenden Forschungsstätten der großen Industrien erzeugten damals eine Ansammlung von Physikern allerersten Ranges ohne Beispiel in der Geschichte der Physik.
Schon im Frühjahr 1933 hatte F. A. Lindemann (späterer Lord Cherwell) bei einem Besuch in Berlin — als Schrödinger seine Abscheu gegen das damalige Regime ausdrückte — ein „living" in Oxford angeboten und zugesichert. Im Herbst 1933 ging Schrödinger nach Oxford, wo er Fellow von Magdalen College wurde und von der großzügigen I. C. I. (Imperial Chemical Industries) einen Gehalt bezog.
1936 erhielt Schrödinger eine Berufung nach Edinburgh und eine nach Graz. In völliger Unkenntnis der politischen Situation ging Schrödinger in die Heimat zurück, wo er im September 1938 schon wieder vertrieben wurde. Der großzügigen Gründung eines Forschungsinstitutes durch den hervorragenden Staatsmann Eamon de Valera in Dublin ist es zu verdanken, daß Schrödinger dort am Institute for Advanced Studies siebzehn wunderbare Jahre verbringen konnte.
1956 verließ Schrödinger die schöne grüne Insel und folgte wieder einem Ruf der Heimat, die alles getan hat, um ihn nach Wien zurückzubekommen. Der österreichischen Regierung war er bis zu seinem Lebensende dankbar dafür,

daß er — damals 69jährig — an die Stätte seiner ersten wissenschaftlichen Tätigkeit, an das Physikalische Institut der Universität Wien, zurückkehren konnte.

Am 4. Januar 1961 starb Erwin Schrödinger in Wien und wurde in Alpbach, einem kleinen stillen Dorf, inmitten seiner geliebten Tiroler Berge begraben.

Annemarie Schrödinger e.h.
im Mai 1961

Nachweis der Erstveröffentlichung dieser Vorträge und Aufsätze

Was ist ein Naturgesetz? | *Die Naturwissenschaften 17/1, 1929*

Die Wandlung des physikalischen Weltbegriffs | *Manuskript*

Die Besonderheit des Weltbilds der Naturwissenschaft | *Acta Physica Austriaca I/3, 1947*

Der Grundgedanke der Wellenmechanik | *Les Prix Nobel en 1933, 1934*

Unsere Vorstellung von der Materie | *Texte des conférences et des entretiens des Rencontres Internationales de Genève, Neuchâtel 1952*

Was ist ein Elementarteilchen? | *Endeavour IX/35, 1950*

Lebensdaten Erwin Schrödingers | *Manuskript*

In gleicher Ausstattung ist erschienen:

JOHN VON NEUMANN

Die Rechenmaschine und das Gehirn

80 Seiten, DM 7,40

Norddeutscher Rundfunk: „In diesen Tagen ist aus dem Nachlaß John von Neumanns, der wohl zu den allerersten Mathematikern dieses Jahrhunderts gehört, eine Arbeit über ‚Die Rechenmaschine und das Gehirn' erschienen, die auf eine äußerst kühn anmutende, in Wirklichkeit aber noch recht behutsame Art versucht, ‚einen Weg zum Verständnis des Nervensystems vom Standpunkt des Mathematikers zu finden'."

NORMAN MALCOLM

Ludwig Wittgenstein — Ein Erinnerungsbuch

Mit einer biographischen Skizze von G. H. Wright

128 Seiten, DM 8,80

Neue Zürcher Zeitung: „... Erst, wenn der Leser das in seiner Art meisterliche ‚Erinnerungsbuch' von Norman Malcolm zu Rate zieht, tritt ihm zwar vielleicht noch immer nicht die philosophische Bedeutung Wittgensteins vor die Augen, wohl aber dieser unvergleichlich einmalige Mensch und Philosoph."

R. OLDENBOURG VERLAG · MÜNCHEN UND WIEN

www.ingramcontent.com/pod-product-compliance
Lightning Source LLC
Chambersburg PA
CBHW021712230426
43668CB00008B/811